HAIR COLOR DESIGN

Hair Color Design

헤어 컬러 디자인

공차숙

- 계명문화대학교 헤어디자인과 교수
- 미용장, 이용장
- 영국국가미용사자격증(NVQ)
- (前) 한국인체미용예술학회 회장
- 한국인체미용예술학회 고문

문소희

- (前) 호남대학교 뷰티미용학과 교수
- 광주여자대학교 미용과학과 교수
- 미용장
- 한국산업인력공단 컬러리스트 기사, 산업기사

헤어 컬러 디자인

초판 인쇄 2021년 4월 5일
초판 발행 2021년 4월 15일
개정 1판 발행 2023년 3월 10일
개정 2판 발행 2025년 9월 30일

저 자 | 공차숙·문소희
발 행 인 | 조규백
발 행 처 | 도서출판 구민사
(07293) 서울특별시 영등포구 문래북로 116, 604호(문래동3가 46, 트리플렉스)
전 화 | (02) 701-7421(~2)
팩 스 | (02) 3273-9642
홈페이지 | www.kuhminsa.co.kr
신고번호 | 제 2012-000055호 (1980년 2월4일)
I S B N | 979-11-6875-602-1 (93590)

정 가 | 30,000원

머/리/말

헤어스타일은 시대의 문화양식을 반영하여 개인의 개성을 표현하고 외모를 가꾸는 중요한 요소이다. 헤어스타일을 표현하는 기법 중 헤어컬러링은 만들어진 형태에 색채를 입히는 것으로 감각적이고 율동적인 감성을 나타낼 수 있다.

이에 헤어컬러 디자인에서는 헤어컬러 이론을 바탕으로 헤어컬러 베이직과 창작기법을 체계적으로 정리하였다.

이론편에서는 모발의 이해와 색채의 이해, 염모제와 탈색제의 특징과 분류, 헤어컬러링을 위한 기초 이론과 함께 컬러링 제품의 원리와 특징 등 헤어컬러리스트가 알아야 하는 지식을 알기 쉽게 서술하였다.

실기편에서는 전체를 헤어컬러분석, 베이직헤어컬러, 응용헤어컬러, 헤어살롱컬러로 나누었다. 기초과정인 헤어컬러분석에서는 색상과 컬러레벨, 산화제와 염모제의 특징에 따른 염모제의 제조에 관하여 설명하고, 베이직헤어컬러에서는 자연모 염색과 재염색의 기법에 따른 실습을 주제별로 다루었다. 심화과정인 응용헤어컬러에서는 호일워크의 기법과 존 섹션, 그러데이션, 발레아쥬 등의 크레이티브 테크닉과 헤어살롱컬러에서는 실전에서 상담기법, 고객에 맞는 컬러진단과 얼굴과 체형 등을 고려한 헤어컬러 디자인 내용을 실어 현장실무를 진행할 수 있도록 했다.

본서를 출판하기까지 사진 촬영과 수정의 과정을 거쳤으나 실무내용을 과정과 컬러색에 맞게 싣는 데는 한계가 있어 계속해서 보완해나갈 예정이며, 헤어컬러 디자인이 헤어컬러링을 배우고 있는 학생들과 미용에 관심이 있는 분들의 헤어컬러링에 도움이 되기를 바란다.

이 책이 출판되기까지 사랑으로 지켜봐 주시고 격려해 주신 가족과 함께 책이 출판되기까지 수고해주신 도서출판 구민사 조규백 대표님과 직원 여러분들께 감사의 말씀을 전한다.

저자 일동

1 Chapter 모발의 이해

2 Chapter 색채의 이해

3 Chapter
헤어컬러 이론

4 Chapter
염모제와 탈색제

5 Chapter
염모제와 산화제의 분류

6 Chapter
헤어컬러 실기 준비

1 Chapter
베이직 헤어컬러

2 Chapter
디자인 헤어컬러

3 Chapter

응용 헤어컬러

4 Chapter
헤어살롱컬러

이론편

1 Theory

1 Chapter 모발의 이해

1. 모발의 구조

1 모발

모발은 포유동물이 가지고 있는 피부의 부속기관이다. 모발의 발생은 최초 모낭이 만들어졌을 때 시작되고 이 모낭을 구성하는 세포는 피부 표피로부터 발생하는 것이다.

모발은 인종, 모질, 색상 등에 따라 사람마다 차이가 있고 남성보다 여성이 모발의 수가 많으며, 평균적인 모발의 수는 10만~15만 개(동양인의 모발은 약 10만 개, 서양인의 모발은 약 12만 개) 정도로 구성되어 있다.

모발이 자라나는 성장 속도는 한 달에 1~1.5cm, 하루에 0.35mm가 자라며 환경요인에 의해 달라질 수 있다.

모발은 굵기에 따라 경모, 보통모, 연모로 분류할 수 있다. 경모는 굵은 모발로 굵기는 0.1m이고, 보통 모발의 굵기는 0.075 ~ 0.085mm이며 연모는 가는 모발로 굵기는 0.06mm이다. 모발을 이루고 있는 원소에는 C(탄소) 45.2%, H(수소) 6.6%, O(산소) 27.9%, N(질소) 15.1%, S(황) 5.2%를 포함하고 있다.

모발의 가장 큰 역할은 외부로부터의 마찰, 온도 변화에 따라 인체의 주요 기관을 보호하고 체내 노폐물 배출 및 중금속의 배출에 관여하는 것이다. 이 외에도 외부의 자극에 반응하는 감각기관의 역할과 피부와 피부 사이의 마찰을 감소시켜 피부의 손상을 막아주는 역할을 하기도 한다.

2 모발의 구조

모발의 구조는 모간부와 모근부로 나뉘게 된다.

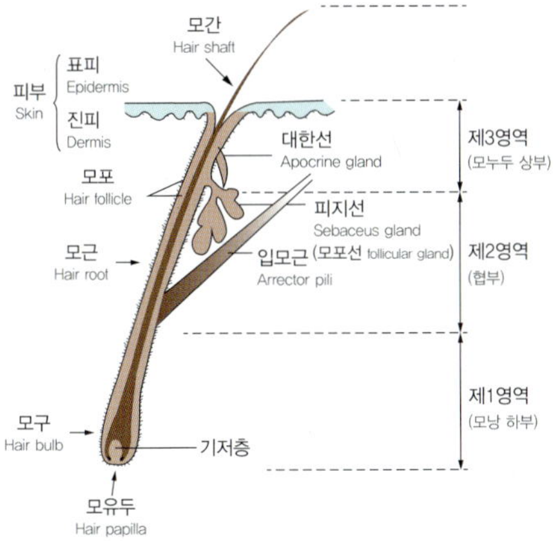

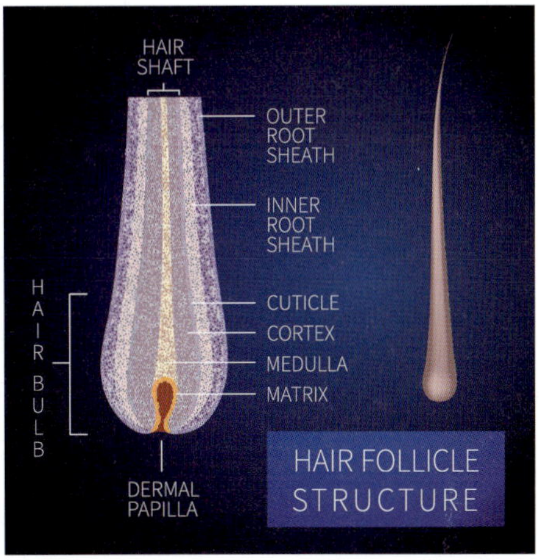

(1) 모근부

모발 성장이 일어나는 부분, 생리적인 부분을 말한다. 모발의 모근부는 피부의 내부에 존재하는 부분으로 다양한 부속기관을 갖는데 크게 모낭, 모구, 모유두, 모모세포, 멜라닌생성 세포, 피지선, 기모근으로 구성되어 있다.

모낭(Hair Follicle)

모낭은 모근부를 싸고 있는 내 · 외층의 피막으로 태생 9주에 발생하며 태생 후기까지 새로운 모기관이 발생하여 머리에서 두피, 눈썹, 코밑, 턱밑, 안면부 순으로 형성된다.

모낭의 수는 기저층의 세포집합체인 모아세포의 분열로 태어날 때부터 결정된다.

모유두(Hair Papilla)

모유두는 모발 생장에 매우 중요한 모발에 영양을 공급하는 역할을 하며 모세혈관과 자율신경이 풍부하게 분포되어 있다. 모유두는 모발 성장 조절 물질을 분비시키며 모발의 성장에 관여한다. 또한 모발의 모질 및 굵기를 결정하며 영양소와 단백질 합성 효소 그리고 호르몬 및 산소가 공급된다.

모모세포(Hairmother Cell)

모모세포는 모유두에서 영양분을 받아 세포분열 되면서 모발의 형상을 만들어낸다. 성장 시 모모세포가 분열하는 속도에 따라 모발이 자라는 속도가 달라진다. 모발의 기원이 되는 세포이기도 하며 모기질 세포라 하기도 한다.

멜라닌 생성 세포(색소세포, Melanocyte)

멜라노사이트에서 만들어진 색소의 종류와 양에 따라서 모발의 색이 결정된다.

멜라닌 형성과정에서 기능이 저하되거나 세포가 파괴되면 흰 모발이 나타난다.

모구(모반, Hair Bulb)

전구모양처럼 생긴 모근이 들어가 움푹 파여있는 부분으로 모유두, 멜라닌세포, 모모세포로 구성되어 있다. 모구에는 핵이 있는 유핵세포가 존재하며 모주기에 따라 형태가 달라진다.

기모근, 입모근(Arrector Pili Muscle)

입모근은 수축할 경우 피지선을 압박하여 피지분비를 증가시키며 날씨가 춥거나 겁에 질렸을 때 수축하여 털을 곧바로 세우거나, 소름이 돋게 만들어 체온을 유지할 수 있도록 도와주는 역할을 한다. 교감신경의 지배를 받는 불수의근이다.

피지선

피지선은 피지를 분비하여 모발을 윤기있게 하고, 모발을 보호하는 역할을 한다. 피지는 pH 4.5 ~ 5.5의 약산성 피지막을 형성하여 피부를 보호하는 역할을 한다. 피지선은 손, 발바닥을 제외한 전신에 분포되어 있으며 자율신경계의 영향을 받지 않는다.

내모근초와 외모근초

모발의 완전한 각화가 이루어져 종결될 때까지 보호하며 모발을 표피까지 운송하는 역할을 한다. 헉슬리층, 헨레층이라고도 부른다.

(2) 모간부

모간부는 신경이 없는 부분으로 세포분열·각화 과정이 끝난 생명력이 없는 케라틴단백질을 말한다. 이 부분은 우리가 흔히 말하는 모발에 해당되는 부분을 말한다.

모발의 중심에는 모수질이 있고, 그 주위를 모피질이 감싸고 있으며, 모표피가 그 위를 커버하고 있다. 그 중 모간부 전체의 75 ~ 90%는 피질 부분이 차지하고 있다. 모발은 바늘처럼 가는 모공이라 불리는 피부의 구멍에서 바깥으로 나와 있다. 모간부는 케라틴, 미네랄, 색소, 지질로 구성되어 있다.

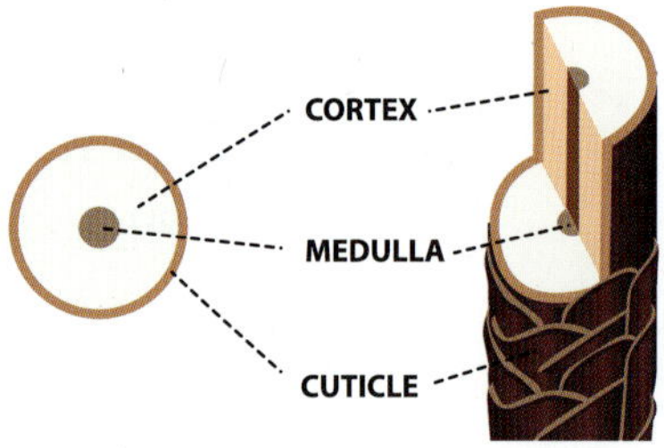

모표피(Cuticle)

모발 끝을 향해 열려있는 모간의 가장 바깥쪽 부분으로 5~10층으로 판상으로 겹쳐진 비늘 상이다. 또한 화학적으로 강한 최외각층(모발의 가장 겉 부분)에 있으며, 친유성을 지닌다.

모표피는 무색으로 투명하며 CMC(세포막 복합체)에 의해 겹쳐 있다. 구성성분으로는 경단백질로 구성되어 있어 딱딱하고 부서지기 쉽지만, 화학적 자극에 강하여 모발의 내부를 보호한다. 모표피는 최외표피(Epicuticle), 외표피(Exocuticle), 내표피(Endocuticle)로 나눌 수 있다.

모피질(Cortex)

인모섬유의 80 ~ 90% 차지, 피질세포(결정영역)와 세포 간 결합물질(비결정영역, 간층물질)로 구성되어 있다. 모발의 색상은 모피질 내부의 염색소에 의해 좌우되며, 물과 쉽게 친화하는 친수성으로 약제의 작용을 쉽게 받는다.

수백만 개의 단단한 케라틴 섬유가 서로 엉켜 모발의 굵기를 형성하고 있으며, 아미노산의 다중결합구조를 하고 있다(시스틴 결합, 이온결합, 수소결합).

모수질(Medulla)

모발의 중심 부근에 속이 비어있는 상태(공공, 공기가 채워져 있는 상태)로 죽은 세포들이 모발의 길이 방향으로 불연속적인 다각형의 형상(벌집모양)으로 존재한다.

모수질은 양털처럼 가는 모발에서는 발견되지 않고, 굵은 모발에서만 발견된다.

2. 모발의 결합

모발의 결합은 모발이 이루고 있는 화학적 성분 간의 결합이 그 기반이 된다.
주쇄결합인 펩타이드 결합은 세로로 자리 잡고 있으며, 측쇄결합인 염결합, 시스틴결합, 수소결합은 가로로 형태가 이루어진다.

1 모발의 4대 결합

(1) 염결합

아미노산은 3가지 종류로 구분된다. 첫 번째로 아미노기 1개와 카복실기 1개를 가진 중성아미노산, 두 번째로 아미노기 2개와 카복실기 1개를 가지고 있는 염기성아미노산, 세 번째로 아미노기 1개와 카복실기 2개를 가지고 있는 산성 아미노산으로 나뉜다.

아미노산이 펩타이드 결합을 만들 경우 카복실기와 아미노기가 1개씩 사용되기 때문에 염기성 아미노산은 아미노기가 1개, 산성 아미노산은 카복실기가 1개 또는 여러가지 잔기로서 남아 있게 된다. 이와 같이 측쇄결합을 가진 폴리펩타이드에 주쇄결합이 만나면 상호 간에 +인 아미노기와 -인 카복실기가 이온으로 결합하게 되는 것을 염결합이라 한다.

(2) 펩타이드 결합

펩타이드(펩티드/Peptide)는 아미노산의 중합체이다. 보통 많은 아미노산이 연결되면 단백질이라고 부르는데 소수의 아미노산이 연결된 형태를 펩타이드라 부른다. 이러한 펩타이드 구조에서 아미노산과 아미노산 간의 연결은 아미드 결합 또는 펩타이드 결합으로 이루어져 있다. 펩타이드 결합이란 카르복실기(-COOH)와 아미노기(NH_2^-)가 결합함으로써 물(H_2O)이 빠져나가고 -CO-NH- 형태를 이루는 결합을 말한다.

(3) 시스틴 결합

시스틴 결합은 황(S)을 포함한 단백질로 이루어진 결합으로 다른 천연섬유(견, 목면 등)와 합성섬유에서는 볼 수 없는 측쇄결합을 말한다. 상당히 견고한 결합이지만 화학적 작용을 통해 절단하거나 절단되어있는 것을 다시 결합시킬 수도 있다.

시스틴을 환원(H를 얻으면)하면 SH-HS가 되게 되고, 산화되어 산소(O)가 주입되면 수소(H)가 물(H_2O)로 변하게 되어 다시 원래의 2분자의 시스틴의 결합(S-S)으로 되돌아간다.

(4) 수소결합

수소결합은 산소와 수소 사이의 잡아당기는 힘으로 결합하는 것으로 모발에 수분을 가해주면 단절되고 수분을 제거해주면 다시 결합하는 것을 말한다.

3. 모발의 색상

모발의 색은 검은색, 갈색, 적색, 금색, 백색 등 여러 가지 색이 있지만, 멜라닌 색소 합성의 정도에 따라 멜라닌 과립의 크기가 결정되고 멜라닌 색소의 종류가 결정되게 된다. 멜라닌 과립이 크고 많으면 빛을 흡수하기 때문에 검고 멜라닌 과립이 거의 없으면 빛이 반사되어 희게 된다.
멜라닌 색소는 모발을 착색시키고, 두피를 과도한 자외선으로부터 보호하는 중요한 역할을 한다.

1 모발 색상의 형성과정

(1) 멜라노사이트

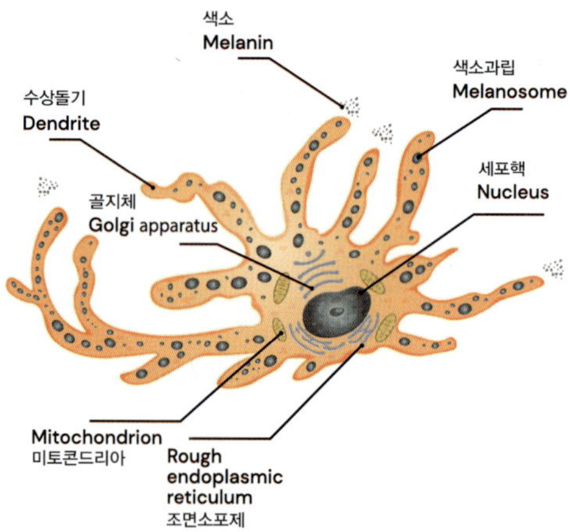

멜라노사이트는 불가사리와 같이 몇 개의 돌기를 가지고 있는 형태를 지니고 있으며 모모세포가 있는 모기질에 있다.

모발의 색상이 개인마다 다른 이유는 유전자 코드에서 발현되는 모발의 색상이 다르기 때문이다. 모발의 색상은 멜라닌 색소의 분포에 따라 달라지며, 이러한 멜라닌 색소를 만드는 것이 멜라노사이트라고 불리는 세포이다. 멜라노사이트에서 멜라닌 색소인 유멜라닌(입자형 멜라닌)과 페오멜라닌(분사형 멜라닌)이 만들어진다.

2 멜라닌 색소

멜라닌 색소는 모발, 피부, 눈동자의 색을 결정하는 중요 성분이며 자외선에 의한 손상으로부터 우리 모발과 피부를 지켜주는 천연 보호막의 역할을 한다. 멜라닌 색소는 유멜라닌과 페오멜라닌으로 나눌 수 있으며 금발과 흑발 모두 유멜라닌과 페오멜라닌이 들어 있지만 두 멜라닌 색소의 양에 따라 모발의 색이 발현된다. 금발의 경우 약간의 페오멜라닌이 있으며 흑발의 경우 유멜라닌의 양이 많이 함유되어 있다.

멜라닌은 멜라노사이트에서 생성되는데 티로신과 티로시나아제 효소의 결핍으로 멜라닌의 생산이 중단되어 모발의 색이 발현되지 않는 상태가 백모이다.

(1) 유멜라닌(eumelanin)

유멜라닌은 흑색에서 황갈색을 나타내는 색소로 주로 어두운 색상을 나타내며 흑인종과 황인종에 많이 분포되어 있다. 유멜라닌은 페오멜라닌보다 분자의 크기가 커서 입자 형태로 보이며 타원형의 형태를 가지고 있다. 파랑, 빨강, 노랑의 색소가 존재하며 알칼리 저항성이 낮고 입자의 크기가 큰 유멜라닌이 탈색 성분과 더 빨리 화합되기 때문에 탈색이 잘된다.

(2) 페오멜라닌(pheomelanin)

페오멜라닌은 노란색과 빨간색을 나타내는 색소로 주로 밝은 색상을 나타내며 백인종에게 많이 분포되어 있다. 유멜라닌보다 입자의 크기가 작고 모발 내에 흩뿌려진 형태를 보이며 원형의 모양을 가지고 있다. 빨강, 노랑의 색소가 존재하며 알칼리 저항성이 높기 때문에 탈색이 느리다.

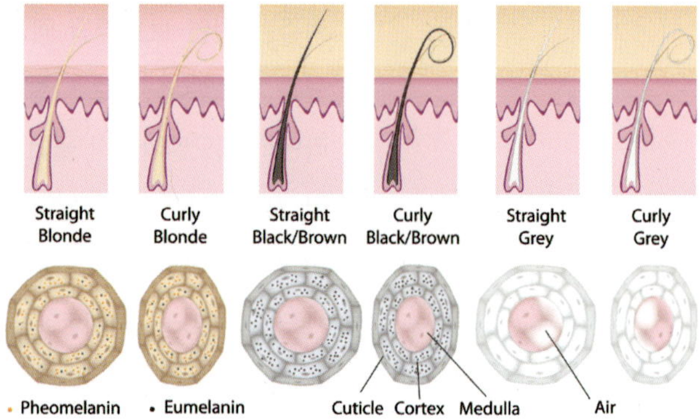

point

- 모발의 탈색 시술 시 검은색 또는 갈색의 유멜라닌 색소가 먼저 제거되고, 노란색의 페오멜라닌 색소가 나중에 제거된다.
  → 입자의 크기가 큰 유멜라닌 색소가 탈색성분과 더 빨리 화합되기 때문이다.
- 유멜라닌 색소는 파랑, 빨강, 노랑의 순서로 제거되며, 이어 페오멜라닌 색소인 노랑의 색이 제거된다.
- 멜라닌은 모발의 모피질 내에 위치한다.
- 금발의 경우 약간의 페오멜라닌만 있으며, 검정모발의 경우 금발에 비해 유멜라닌, 페오멜라닌의 양이 많이 함유되어 있다.
- 백모의 경우 멜라닌 색소의 생산이 중단되었기 때문이며, 이는 멜라노사이트에서 티로신과 티로시나아제 효소의 결핍으로 일어나게 된다.

2 Chapter
색채의 이해

1. 색

색은 물체의 표면에 나타나는 빛의 성질을 나타내는 것으로 각각 고유의 성질과 특성을 가진다. 색은 무채색과 유채색으로 나뉘는데 무채색은 색상을 띠지 않는 색을 말하며 검은색, 회색, 흰색이 이에 속한다. 무채색은 색감과 채도가 없이 색의 밝기를 구분하는 명도만을 가지고 있으며 명도가 높을수록 밝고 진출적이고 낮을수록 어둡고 후퇴적인 분위기를 나타낸다. 유채색은 빨강, 노랑, 초록, 파랑, 보라와 같이 색의 특성을 부여하는 색으로 검정, 회색, 흰색을 제외한 나머지 색이다. 유채색은 색상과 색의 강약을 나타내는 채도를 가지고 있다.

1 1차색(원색/기본색) - R, B, Y

1차색이란 기초적인 순수한 색을 말한다. 3가지 기본색은 노랑(Yellow), 빨강(Red), 파랑(Blue)이다. 이 3가지의 색은 1차색이라고도 하며, 1차색 세가지를 모두 같은 양으로 혼합하면 검은색이 된다.

2 2차색 - G, V, O

2차색은 1차색 두 가지를 같은 양으로 혼합하여 얻어지는 색이다. 1차색 두 가지를 같은 양으로 혼합할 경우, 파랑(Blue)과 빨강(Red)은 보라(Violet), 노랑(Yellow)과 파랑(Blue)은 녹색(Green), 빨강(Red)과 노랑(Yellow)은 주황색(Orange)으로 나타난다.

3 3차색 -Y.O, Y.G, B.G, B.V, R.O, R.V

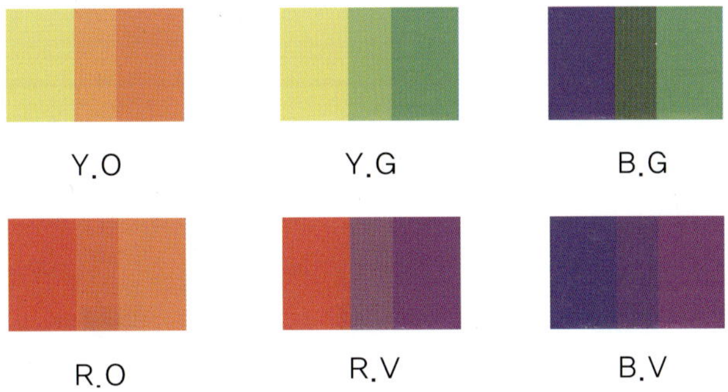

3차색은 1차색 한 가지와 2차색 1가지를 같은 양으로 혼합하여 얻어지는 색이다.

3차색은 노랑(Yellow)과 녹색(Green)은 연두(Yellow-Green), 파랑(Blue)과 녹색(Green)은 청록(Blue-Green), 파랑(Blue)과 보라(Violet)는 남색(Blue-Violet), 빨강(Red)과 보라(Violet)는 자주(Red-Violet), 빨강(Red)과 주황(Orange)은 다홍(Red-Orange), 노랑(Yellow)과 주황(Orange)은 귤색(Yellow-Orange)으로 나타난다.

2. 색의 3속성

Hue
Saturation
Value
Hue
Saturation
Value
Hue
Saturation
Value
Hue
Saturation
Value
Hue
Saturation
Value
Hue
Saturation
Value
Hue
Saturation
Value
Hue
Saturation
Value
Hue
Saturation
Value
Hue
Saturation
Value
Hue
Saturation
Value
Hue
Saturation
Value

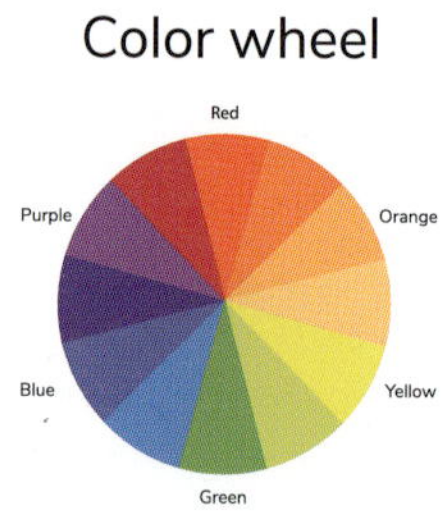
Color wheel
Red
Orange
Yellow
Green
Blue
Purple

1 색상(Hues)

색을 구분하는 데는 색의 이름이 필요하다. 색명으로 구별되는 색은 모두 감각으로 느낄 수 있으며 이를 색상이라 한다. 색은 빨강, 노랑, 초록 보라와 같은 색의 계통을 나타내는 것으로 빛의 파장(가시광선)에 의해 결정된다. 색은 색조와 거의 같은 뜻으로 쓰이는데, 색상의 변화를 계통적으로 고리 모양으로 배열한 것이 색상환(色相環)이다. 먼셀이나 오스트발트 표색계에서는 색상에 따라 척도별 표시가 되어 있다.

2 명도(Values)

무채색과 유채색의 공통점은 밝음과 어두움을 가지고 있다는 점이다. 밝음과 어두움을 가지고 있는 것을 밝기의 정도로 표시하는 것이 명도이며, 검정을 추가할수록 어둡게 되는 색상들로서 흰색(White)과 검정(Black) 사이에 명도(Value)가 다른 회색(Grey)의 단계를 균등하게 등분하여 차례로 표현한 것이 명도의 단계인 그레이스케일이다. 이 그레이스케일은 무채색을 모두 11단계로 구분하며 모든 빛깔의 명도 기준이 된다.

3 채도(Chroma)

색의 순도, 색의 선명도 즉, 색채의 강하고 약한 정도를 말한다. 동일 색상 중에 채도가 가장 높은 색은 선명한 색으로 순색(Pure Color)이라 하고 채도가 낮은 색은 선명하지 않은 흐릿한 색으로 탁색(Dull Color)이라 한다. 선명도가 점차 흐려지게 되면 무채색이 된다.

3. 색상환

색상환은 가시광선의 스펙트럼을 고리 형태로 연결하여 색을 배열한 것을 말한다.

색상환은 색들을 서로서로 연계성을 주어 색상들끼리 자연스럽게 연결되도록 한 표를 말하며 10색상환, 12색상환, 24색상환 등이 있다.

1 10색상환 - 먼셀

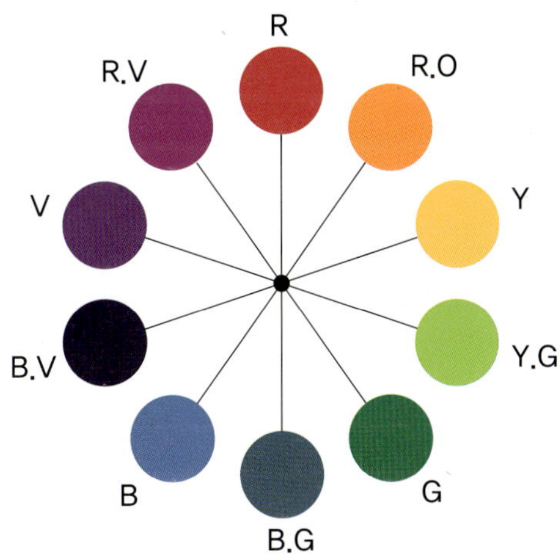

10색상환은 미국의 화가이자 색채연구가인 먼셀(Munsell)이 1929년에 최초로 공개하였고, 1931년 CIE와 1943년 미국 광학학회(OSA)의 측색 학회에서 수정하여 발표한 색체계이다.

2 12색상환 - 요하네스 이텐

12색상환(1961)은 스위스의 화가이자 미술사가인 요하네스 이텐 (1888 ~ 1967)이 발표한 색체계이다

3 24색상환 - 오스트발트

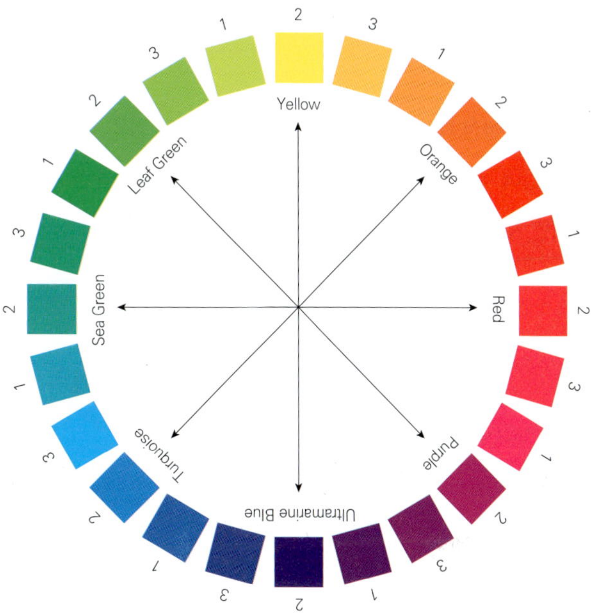

오스트발트 색체계는 노벨 화학상을 받은 독일의 화학자 빌헬름 오스트발트가 창안한 것으로, 물체 표면색의 표본을 체계화한 혼색계 시스템으로 1917년에 발표한 색체계이다.

4가지 색의 사이에 중간색을 추가하여 8색의 주요 색상을 기본색으로 하고 그것을 3등분하여 모두 24색의 색상환으로 구성하였다.

4. 보색

보색이란 색상 대비를 이루는 서로 반대되는 한 쌍의 색상을 말하며 색상환에서 서로 마주 보는 위치에 있어 색상의 대비가 강하게 느껴진다. 두 보색을 혼합했을 때는 무채색이 되며 두 색상을 혼합하면 서로 중화시키는 역할을 하게 되어 이를 보색 중화라고 한다.

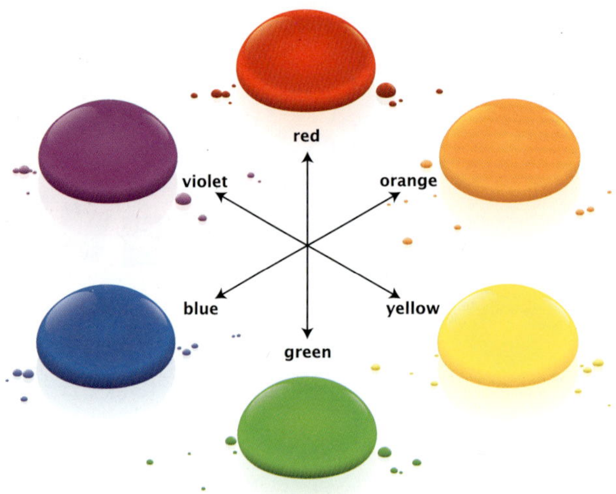

5. 색의 이미지

색에는 각각의 감정이 있어서 보는 사람에게 심리적인 여러 가지 이미지를 부여한다. 그 이미지는 사람마다 다르다. 그러나 많은 사람이 느끼는 색의 이미지는 공통되게 느껴지는데 대표적으로 온도감, 계절감, 이미지로 나눌 수 있다.

1 온도감

(1) 난색(暖色, Warm Color)

난색계는 따뜻한 느낌을 주는 색으로 여유로우며 시간의 장단이 빠르게 느껴진다. 대표적인 색상은 빨강, 주황, 노랑, 연두, 초록, 쑥색, 카키, 브라운, 피치 등의 색이다. 풍요롭고 생동감을 주는 이미지를 준다.

(2) 한색(寒色, Cool Color)

한색계는 차가운 느낌을 주는 색으로 긴장감이 느껴지며 시간의 장단이 느리게 느껴진다. 한색은 모든 색이 푸른색, 흰색, 검은색을 기본 바탕으로 하는 색이다. 정적이면서 현대적인 이미지와 부드럽고 깨끗하고 이미지를 준다.

2 계절감

(1) 봄

봄의 대표적 색은 모든 색에 노랑이 섞인 색으로 따뜻한 색으로 구분된다.

노란색이 기본 바탕 색상으로 봄의 컬러는 화사하고 원색적이며 선명하고 강하다. 명도와 채도가 높아 밝고 생동감 있으며 투명하고 깨끗한 이미지이다.

(2) 여름

여름의 대표적인 색은 모든 색에 흰색과 파란색이 들어 있어 찬 색으로 구분된다.

흰색이 기본 바탕 색상으로 여름의 컬러는 부드럽고 차가운 느낌을 주며 모든 색에 흰빛과 푸른빛이 지닌 색으로 파스텔 톤이 주를 이룬다. 부드럽고 낭만적이며 여성스러운 이미지이다.

(3) 가을

가을의 대표적인 색은 모든 색에 황색과 노란색이 들어 따뜻한 색으로 구분된다.

황색이 기본 바탕색으로 가을의 컬러는 차분하고 약간 가라앉은 느낌을 주며 모든 색에 황색 빛을 지닌 색으로 부드러우며 이지적인 이미지이다.

(4) 겨울

겨울의 대표적인 색은 모든 색에 푸른색과 검은색이 섞여 있어 색으로 구분된다.

푸른색이 기본 바탕색으로 겨울의 컬러는 채도가 높으며 강하면서도 가라앉는 느낌을 주며 모든 색에 푸른빛을 지닌 색으로 모던하고 도회적인 세련된 이미지이다.

3 이미지 스케일

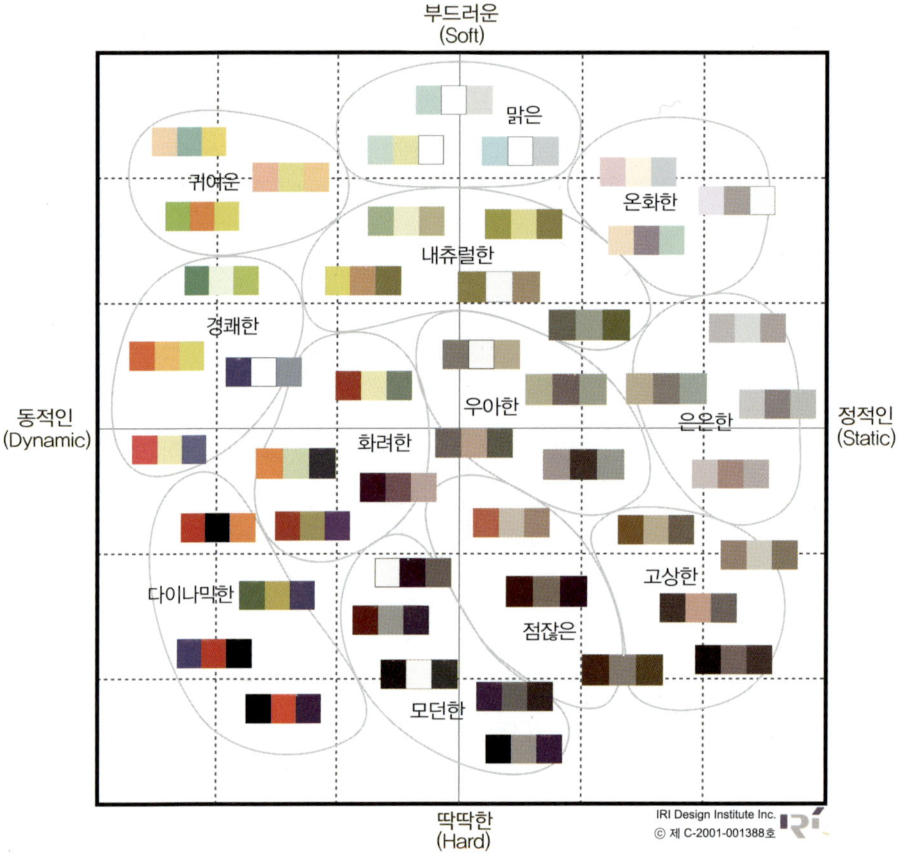
부드러운
(Soft)
맑은
귀여운
온화한
내츄럴한
경쾌한
동적인
(Dynamic)
우아한
은은한
정적인
(Static)
화려한
고상한
다이나믹한
점잖은
모던한
딱딱한
(Hard)
IRI Design Institute Inc.
© 제 C-2001-001388호

배색 이미지 스케일은 사람이 어떤 배색에 대해 공통으로 느끼는 색의 이미지를 찾아내기 위해 심리적인 연구를 바탕으로 배색의 이미지를 이미지 스케일의 각 축에 배치함으로써 배색을 보고 느끼는 심리적 감성을 분석하고 구분하는 기준이 되는 매트릭스이며 어떤 대상의 디자인 등에 총체적인 의미를 부여하는 시스템이다.

이미지 스케일은 세로 방향으로 부드러운(Soft), 딱딱한(Hard), 가로 방향으로 동적인(Dynamic), 정적인(Static)의 동일한 기준 축으로 이루어진 공간 내에서 단색, 배색, 형용사가 각각 고유의 위치가 있다.따라서 추상적인 이미지를 구체적인 색채로 또한 구체적인 색을 추상적 이미지로 전환하여 해석하는 것이 가능하다.

6. 색의 배색

1 톤 온 톤 배색 (Tone on Tone) - 동일 색상, 명도의 대비

톤 온 톤 배색은 색상은 그대로 사용하면서 명도의 차이를 크게 하여 대조를 이루게 하는 배색이다.

즉 같은 색상의 톤에서 명도의 변화만 있도록 하는 것이다. 톤 온 톤은 통일성을 유지하면서 극적인 효과를 만들 수 있기 때문에 색채 디자인 시 많이 사용되는 배색이다.

2 톤 인 톤 배색 (Tone in Tone) - 유사 색상, 동일(유사) 색조

톤 인 톤 배색은 유사 색상의 배색과 같이 톤의 느낌은 거의 일정하게 유지하면서 색상을 조금씩 다르게 하는 배색이다. 온화하고 부드러운 효과를 만들어 낼 수 있다.

3 토널 배색 (Tonal Color) - 색상은 자유, 중명도, 중채도의 L(light) Dl(dull) 톤 위주

토널이란 “색조, 음조”의 뜻으로 배색의 느낌은 톤 인 톤 배색과 비슷하지만 중명도, 중채도의 색상을 사용하는 것과 다양한 색상을 사용한다는 점이 다르다.

중채도와 중명도의 색상으로 배색되기 때문에 안정되고 편안한 느낌을 준다.

4 카마이외 배색 (Camaieu) - 동일 색상, 명도의 변화 미세하게

카마이외 배색은 거의 동일한 색상에 명도의 변화가 미세한 배색을 말한다.

톤 온 톤과 비슷한 결과가 나올 수 있지만, 그 변화 폭이 매우 작다.

5 포 카마이외 배색 (Faux Camaieu) - 유사 색상, 유사 색조

Faux란 가짜, 모조란 뜻으로 카마이외 배색과 거의 동일한 배색을 말한다.

포 카마이외 배색이 카마이외 배색과 다른 점은 주위의 톤으로 배색한다는 점이다. 물론 카마이외 배색처럼 거의 차이가 나지 않는 배색이다.

6 멀티 컬러 배색 (Multi Color) - 다양한 색상, 고채도

멀티 컬러는 다색이라는 뜻으로 채도가 높은 톤에서 다양한 색상을 이용하여 배색하는 것을 말한다. 적극적이고 활기찬 배색이 될 수 있다.

3 Chapter 헤어컬러 이론

1. 자연모 레벨

모발은 색상에 따라 멜라닌 색소가 있는 모발과 멜라닌 색소가 없는 백모로 나눌 수 있다. 염색을 하지 않은 모발을 자연모(Versin hair)라고 부르며, 자연모는 색상에 따라 레벨을 나눌 수 있다.

자연모 레벨이란 모발의 자연적인 밝기 구분을 하기 위해 자연모발의 색을 명도에 따라 어두운 색부터 밝은 색까지 단계별로 숫자를 매겨 측정하는 레벨 스케일이다.

명도체계인 색체계를 사용하여 자연 모발색과 인공 모발색상의 깊이를 측정한다.

염모제 회사에 따라 10레벨 스케일을 사용하기도 하고 20레벨 스케일을 사용하기도 한다.

자연모레벨 차트

레벨	자연모레벨명	자연모레벨컬러차트
10	금색	
9	아주 밝은 황갈색	
8	밝은 황갈색	
7	황갈색	
6	어두운 황갈색	
5	밝은 갈색	
4	갈색	
3	어두운 갈색	
2	아주 어두운 갈색	
1	흑색	

2. 언더코트(undercoat)

언더코트는 모발을 탈색할 때 얻어지는 바탕색상을 의미한다. 자연 모발 색상에서 탈색작용에 의해 탈색이 점차 일어나면서 얻어지는 색상을 블리치레벨이라고도 부르며 탈색 후 잔류되어 있는 색상을 강조하여 언더코트라고 하며 따뜻한 색상을 구사한다.

자연모는 기여색소로 이루어지며 염색 시 모발색상에 새롭게 더해지는 염료(Dye)에 의해 원하는 희망 색상이 만들어진다. 기염모의 염색에서는 언더코트가 색상에 영향을 미치므로 잔류 색상과 반사빛, 언더코트를 고려하여 염모제를 선정하고 결과색상을 예상하여야 한다.

1 언더코트 차트

레벨	언더코트레벨명	언더코트 컬러차트
10	아주 밝은 노랑	
9	밝은 노랑	
8	노랑	
7	노랑 오렌지	
6	오렌지	
5	붉은 오렌지	
4	빨강	
3	어두운 빨강	
2	적보라	
1	검정	

2 언더코트의 중화

자연모를 염색하면 모발에 잔류색상이 남기 때문에 희망색상이 그대로 결과색으로 표현되지는 않는다. 그래서 기염모를 염색할 때는 모발의 언더코트에 따른 중화 작업이 필요하다.

레벨	언더코트레벨명	레벨	중화색상명
10	아주 밝은 노랑	10	아주 밝은 보라
9	밝은 노랑	9	밝은 보라
8	노랑	8	보라
7	노랑 오렌지	7	파랑 보라
6	오렌지	6	파랑
5	붉은 오렌지	5	초록 파랑
4	빨강	4	초록
3	빨강	3	초록
2	빨강	2	초록
1	빨강	1	초록

언더코트의 중화를 위해서는 보색을 사용하거나 반사빛의 강도를 일치시키고 상반계열의 반사빛을 사용하는 것이 가능하다.

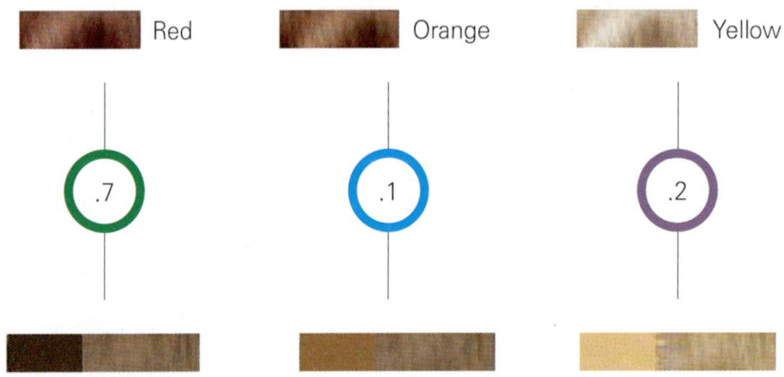

3. 염모제 넘버링 표기법

영구 염모제의 명도와 반사빛(색상)은 숫자를 활용하여 표기하게 된다. 명도와 반사 빛을 구분지어 표기하는 기호는 /(다시) 또는 .(점)을 사용한다. 기호 앞의 숫자는 염모제 색의 명도(밝고 어두움)를 말하며 기호 뒤의 숫자는 염모제 색의 반사 빛(색상)을 말한다.

예 L사의 경우

명도 ↑ 반사빛 ↑

8.34

↓ 주 반사빛 ↓ 보조 반사빛

예 W사의 경우

명도 ↑ 색상 ↑

8/94

↓ 메인 컬러 ↓ 서브 컬러

1 L사 넘버링 표기법

L사의 영구 염모제 명도 표기는 대부분 자연모 10 레벨 스케일의 넘버링을 따른다.

명도와 반사빛의 구분은 .(점) 기호로 표기한다. .(점)기호 앞의 숫자가 명도, .(점) 바로 뒤 주로 표현되는 색상인 주 반사 빛과 그 뒤로 주 반사 빛에 다른 색을 가미하여 오묘하고 깊은 색을 표현하는 색상인 보조 반사 빛 2가지가 있다. 이때, 반사 빛의 넘버링이 없고 명도만 표기되어 있는 경우는 자연모 레벨의 명도와 반사 빛을 지닌 기본색을 뜻한다.

L사는 염모제 반사 빛의 양을 표기법으로 조절하여 표기하고 있다.

명도 번호 체계	
10	금색
9	아주 밝은 황갈색
8	밝은 황갈색
7	황갈색
6	어두운 황갈색
5	밝은 갈색
4	갈색
3	어두운 갈색
2	아주 어두운 갈색
1	흑색

반사빛 번호 체계		
1	잿빛	
2	보라빛	
3	금빛	
4	구리빛	
5	자주빛	
6	적빛	
7	매트(초록빛)	
8	모카	

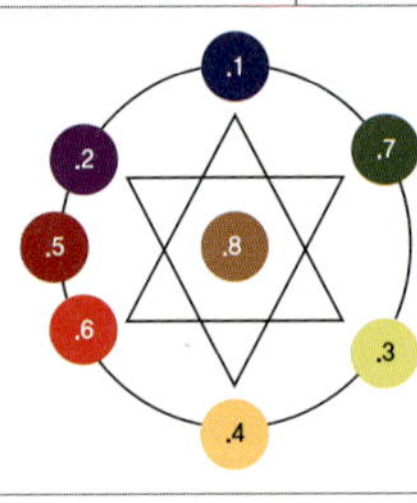

.0-	반사빛 색소의 양 1/3	자연스러운
._0	반사빛 색소의 양 10배	강한
._ _(더블)	반사빛 색소의 양 1과 1/3	진한

2 W사 넘버링 표기법

예 **8/92**

8 ↓ 명도 / 92 ↓ 색상

- 사선의 좌측 숫자가 명도를 나타낸다.(숫자가 커지면 밝아진다.)
  ※ 숫자가 더블로 표기된 경우는 같은 명도보다 선명하게 표현되는 쉐이드를 의미한다.
- 사선의 우측 숫자가 색상을 나타낸다.

W사의 영구 염모제 반사 빛은 채도 높은 컬러로 구성된 '크리에이티브', 화이트 그레이가 베이스인 '베일 텍스쳐', 밝은 브라운 계열인 '브라이트 브라운(BB)', 깊이있는 브라운 계열인 '내추럴 브라운(NB)', 자연모 레벨 명도의 기본색 계열인 '네이처 컨트롤', 색을 가미하는 '컬러 컨트롤'로 구성된다.

W사 반사 빛 번호체계			
계열	번호	명칭	색상
CREATIVE (크리에이티브)	1	그레이	
	2	비리디언	
	3	옐로우	
	4	만다린	
	5	마젠타	
	6	바이올렛	
	8	인디고	
VEIL TEXTURE (베일 텍스춰)	91	베일 그레이	
	92	베일 비리디언	
	93	베일 옐로우	
	94	베일 만다린	
	95	베일 마젠타	
	96	베일 바이올렛	
	97	베일 베이지	
BRIGHT BROWN(BB) (브라이트 브라운)	17	BB 애쉬	
	27	BB 올리브	
	37	BB 골드	
	47	BB 핑크	
	77	BB 체스넛	
NATURAL BROWN(NB) (내츄럴 브라운)	0	NB 블랙	
	02	NB 매트	
	03	NB 옐로우	
	04	NB 웜	
	07	NB 베이지	

W사 반사 빛 번호체계			
계열	번호	명칭	색상
NATURE CONTROL (네이처 컨트롤)	00	네이처 컨트롤	자연모 기본색
COLOR CONTROL (컬러 컨트롤)	Clear	클리어	
	Platinum	플래티넘	
	Navy	네이비	
	Smoke	스모크	
	Dull	덜	
	Beige	베이지	
	Brown	브라운	
	Pink	핑크	
	Purple	퍼플	
	Silver	실버	
	Silver booster	실버 부스터	
	Gray	그레이지	
	Graige booster	그레이지 부스터	
	Deep booster	딥 부스터	

4. 컬러차트

1 L사 컬러차트

Majibrown IONÈNE G incell

마지브라운 Maji Brown
세련되고 패셔너블한 그레이 헤어의 캐모 서비스를 위한 브라운 시리즈 염모제

제품특징
- **패션 캐모 서비스** | 50% 미만의 백모에서 다양하고 세련된 패션 컬러와 동시에 백모 캐모 효과를 얻음
- **최상의 모발 보호** | 로레알의 특허 성분인 인셀(Incell)™과 이오닌 G™로 건강하고 윤기나는 컬러 결과

사용방법
- **염모제** 50g
- **산화제** 1000ml, 20vol(6%)
- **혼합 비율** 1:1.5 (50g+75ml)
- **방치 시간** 자연 방치 30분

테크놀로지 원 스텝의 조화로운 패션 그레이 헤어 커버

그레이 헤어와 자연모의 차이를 최대한 줄입니다.
또한 내추럴한 퇴색과 함께 퇴색 사이클이 길어집니다.

마지브라운 플랫폼
- **마지브라운** | 깊고 풍부한 브라운
- **마지브라운 내추럴** | 부드럽고 자연스러운 브라운

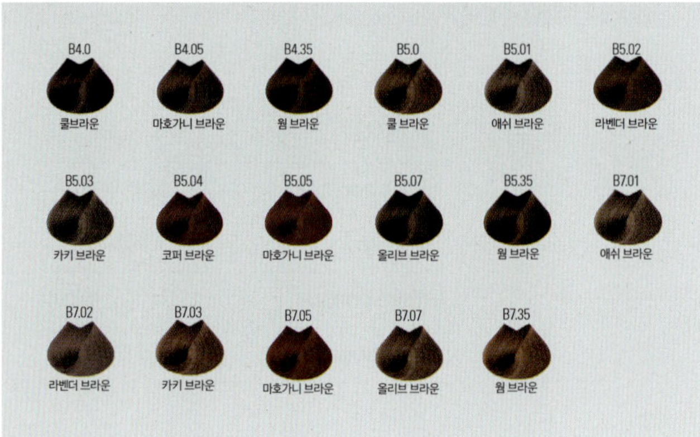

Majirel Metal

마지렐 메탈 Majirel Metal
메탈릭한 반사빛으로 글로시한 광택감을 부여해주는 컬러 염모제

제품특징
- 풍부한 메탈릭 반사빛
- **크롬이펙트** : 글로시한 광택감
- 반투명한 컬러 표현
- 디자인 컬러 후 뿌리에서 길이까지 자연스러운 연결

사용방법
- **염모제** 50g
- **산화제** 1000ml, 20vol(6%), 30vol(9%)
- **혼합 비율** 1:1.5 (50g+75ml)
- **방치 시간** 자연 방치 35분

파스텔 Pastel

Read Labels Example

MAJI FASHION
7.17
NORDIC BLUE

컬러 카테고리 P | Pastel

파스텔

차별화된 윤기와 투명한 파스텔 컬러

번호	컬러명
6.17, 7.17	노르딕 블루
6.21, 7.21	소프트 라일락
6.42, 7.42	캔디 핑크
6.71, 7.71	민트 실버
11.07	마차 애쉬
12.11	실버 브라운
12.26	프렌치 라벤더
12.3	골든 샌드
12.4	브론즈 가디스
12.5	어시 선셋
12.6	체리 블러쉬
12.62	베리 주스
12.64	선셋 글로우
12.7	민트 실버
13	골든 샌드
6.014, 7.041	베이지 파리지엔

울트라 파스텔

쿨하고 선명하게 빛나는 울트라 파스텔 컬러

번호	컬러명
6.01, 8.01	실버문
6.11, 8.11	블루스톤
6.10, 8.10	스모키 블루
6.41, 8.41	피치 골드
6.12, 8.12	프렌치 라벤더
6.52, 8.52	펄 마호가니
7.13, 9.13	누드 베이지
6.73, 8.73	스모키 제이드

Read Labels Example

MAJI FASHION
6.11H
AZURE

컬러 카테고리 P | Pastel
테크놀로지 H | High Chroma

애쉬 퓨어

최상의 언더코트 중화와 세련된 반사빛을 위한 애쉬 컬러

번호	컬러명
6.11H, 8.11H, 10.11H	아쥬레
6.17H, 8.17H, 10.17H	올리비에

MAJI FASHION

CRÈME DE BEAUTÉ. LIMITLESS HAIR COLORS

매트 Matte

Read Labels Example

MAJI FASHION
6.1
MINK SPLENDOUR

컬러 카테고리 M | Matte

Read Labels Example

MAJI FASHION
cc6.1
MINERAL BLUE

컬러 카테고리 M | Matte
테크놀로지 CC | Cool Cover*

매트

높은 커버리지를 위한 따뜻한 언더톤을 중화하는데 효과적인 컬러

매트 쿨커버

특별한 쿨베이스와 뉴트럴한 쿨한 색감을 표현하는 컬러

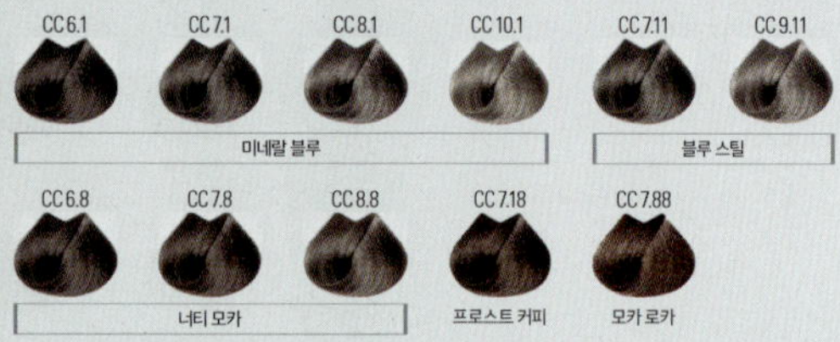

***크롬 이펙트** Chrome Effect

마지 패밀리 쿨 커버의 크롬 효과는 쿨 베이스에 쿨 반사빛이 더해져 만들어짐
안정적인 백모커버가 가능해지고 크롬이 갖는 메탈릭한 느낌까지 표현

베이스 조성

MAJI FASHION

CRÈME DE BEAUTÉ. LIMITLESS HAIR COLORS

라끄 Lacquer

Read Labels Example

MAJI FASHION
5.35
ROSE GOLD

컬러 카테고리 L | Lacquer

라끄

완벽한 윤기와 풍부한 베이스로 보는 각도에 따라 다채로운 색감의 컬러

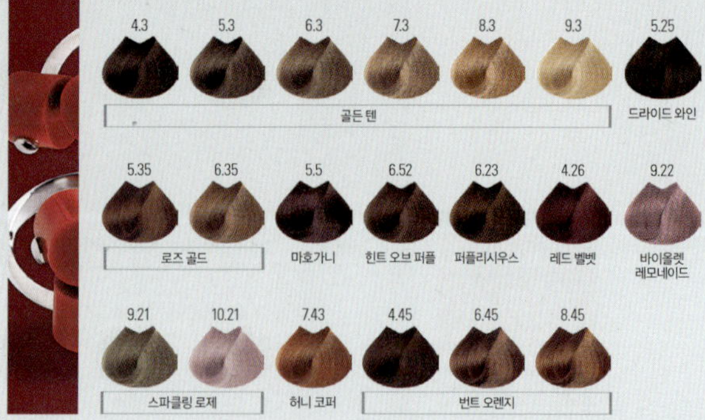

MAJI FASHION
CRÈME DE BEAUTÉ. LIMITLESS HAIR COLORS

바이브런트 Vibrant

Read Labels Example

MAJI FASHION
6.66
CHILLI RED

컬러 카테고리 V | Vibrant

바이브런트

강렬하고 벨벳 같은 고급스러운 붉은계열의 컬러

4.20	5.20	6.64	6.66	5.62
울트라 바이올렛		파이어+스파이스	칠리 레드	리치 루비

7.4	7.44	CONTRAST RED
패션	진저 핫	레드 칼레이도스코프

MAJI FASHION
CRÈME DE BEAUTÉ. LIMITLESS HAIR COLORS

부스터 Booster

Read Labels Example

MAJI FASHION
VIOLET
MAJIMIX VIOLET

컬러 카테고리 B | Booster

부스터

마지 패밀리에 혼합하여 다양한 멀티톤과 색감의 선명함을 더해주는 믹스 전용 염모제

ROUGE	CUIVRE	VIOLET	VERT	BLEU
마지믹스 레드	마지믹스 코퍼	마지믹스 바이올렛	마지믹스 그린	마지믹스 블루

- 마지 패밀리에 혼합하여 사용
- 마지 패밀리 도포 테크닉 동일하게 사용 (직, 반, 종연연장)
- 마지 패밀리 1튜브 기준 마지 패밀리 부스터 ¼ 튜브 혼합 (산화제 추가 증량 없음)

MAJI COVER

마지커버 Maji Cover

Read Labels Example

MAJI FASHION
3
DARK BROWN

컬러 카테고리 Maji Cover

기본

기본 색감으로 그레이 커버리지와 지속력이 높은 컬러

1	3	4	5	6
흑색	어두운 갈색	갈색	밝은 갈색	어두운 황갈색

7	10
황갈색	금색

Read Labels Example

MAJI FASHION
CC 5.18
LIGH ASH MOCHA BROWN
COOL COVER

컬러 카테고리 Maji Cover
테크놀로지 CC | Cool Cover*

쿨 커버

특별한 쿨베이스의 기본 색감으로 그레이 커버리지와 지속력이 높은 컬러

CC4	CC5	CC6	CC5.18	CC5.8
쿨커버 브라운	쿨커버 라이트 브라운	쿨커버 다크 블론드	쿨커버 라이트 애쉬 모카	쿨커버 라이트 모카 브라운

2 W사 컬러차트

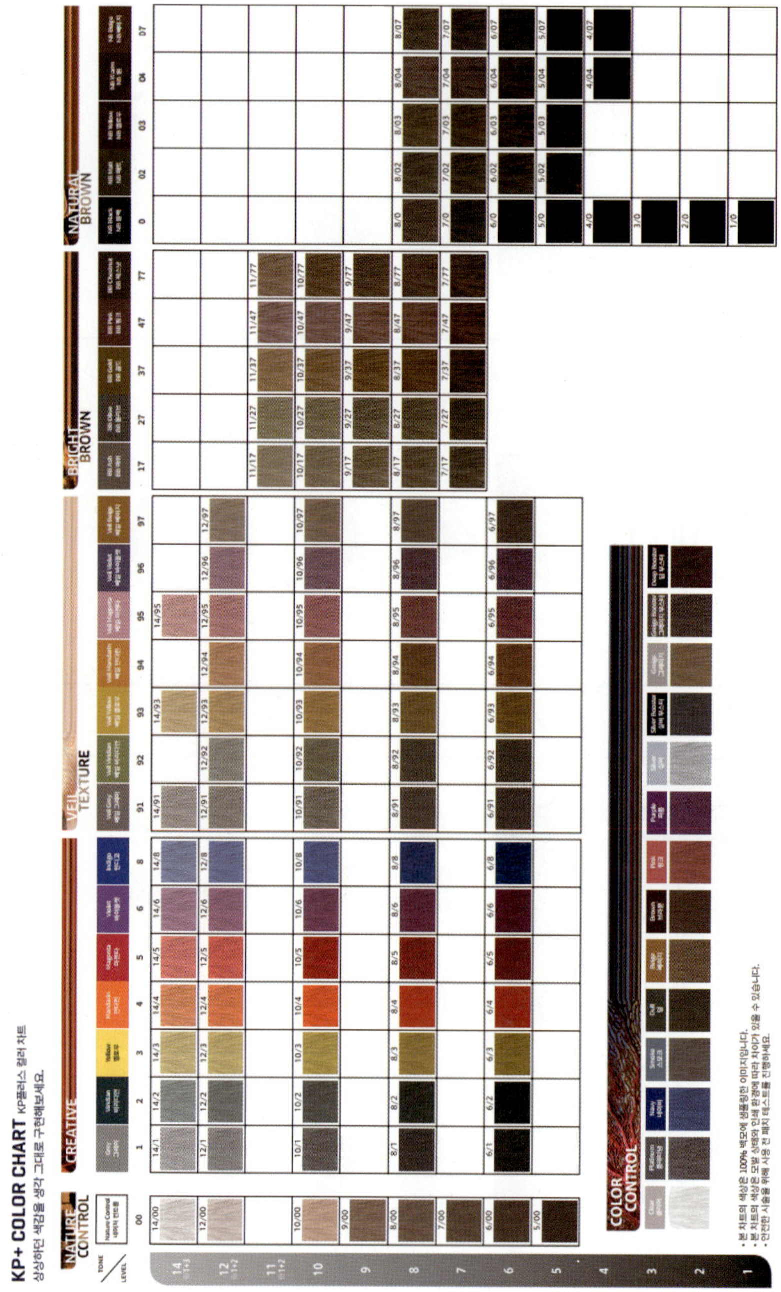
KP+ COLOR CHART KP플러스 컬러 차트
상상하던 색감을 생각 그대로 구현해보세요.
NATURE CONTROL
CREATIVE
VEIL TEXTURE
BRIGHT BROWN
NATURAL BROWN
COLOR CONTROL
• 본 차트의 색상은 100% 백모에 샘플링한 이미지입니다.
• 본 차트의 색상은 모발 상태와 인쇄 환경에 따라 차이가 있을 수 있습니다.
• 안전한 시술을 위해 사용 전 패치 테스트를 진행하세요.

3 P사 컬러차트

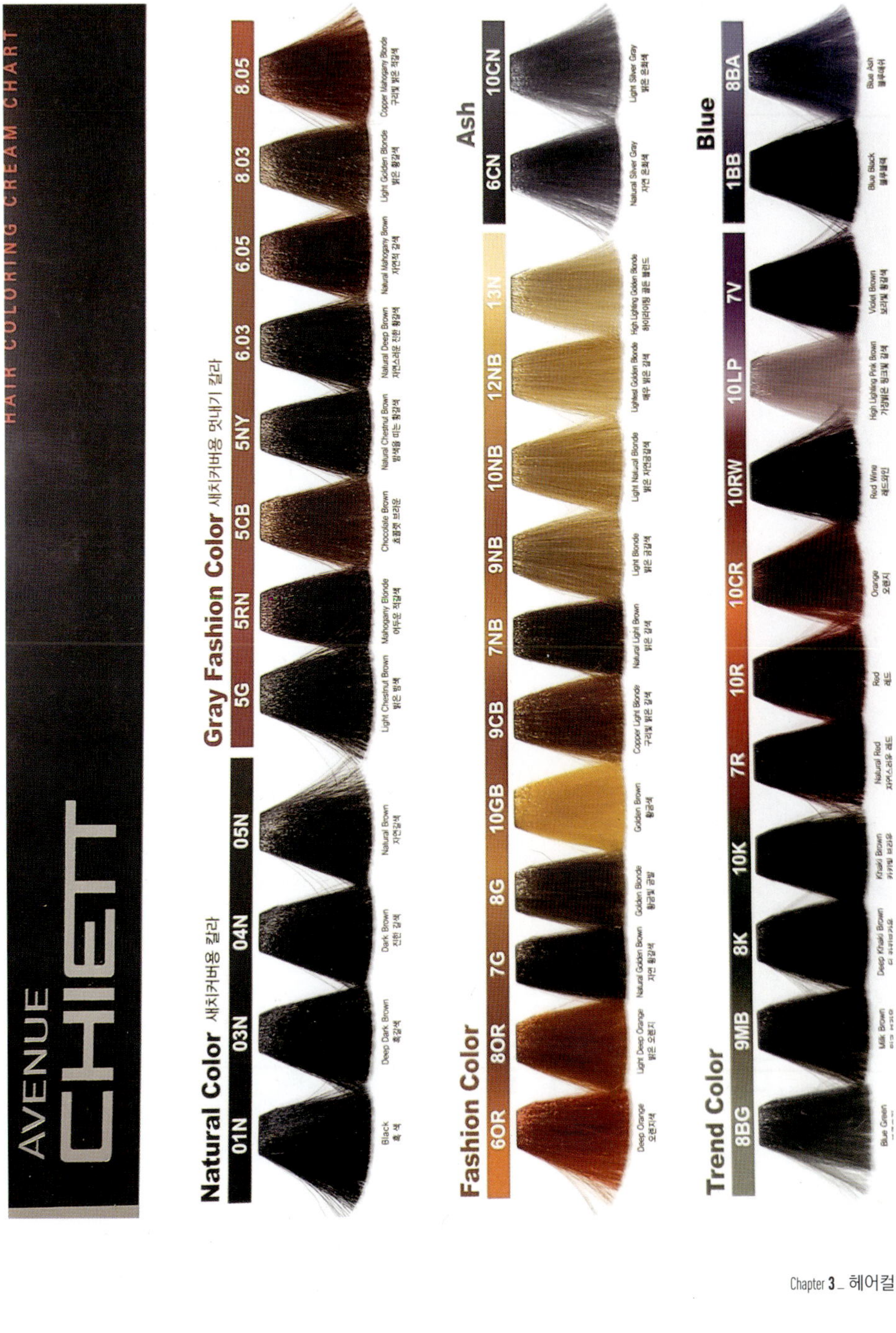
AVENUE
CHIETT
HAIR COLORING CREAM CHART
Natural Color 새치커버용 칼라
01N
03N
04N
05N
Gray Fashion Color 새치커버용 멋내기 칼라
5G
5RN
5CB
5NY
6.03
6.05
8.03
8.05
Fashion Color
6OR
8OR
7G
8G
10GB
9CB
7NB
9NB
10NB
12NB
13N
Ash
6CN
10CN
Trend Color
8BG
9MB
8K
10K
7R
10R
10CR
10RW
10LP
7V
Blue
1BB
8BA

4 Chapter 염모제와 탈색제

1. 염모제의 성분

염모제는 염료(PPD, 레조르시놀 등), 알칼리제(NH_3, NaOH, MEA), 산화제(H_2O_2), 계면활성제, EDTA(금속이온봉쇄제), pH 조정제 등으로 구성된다.

1 염모제 1제 구성성분

산화염료(색소) + **알칼리제**(암모니아)

염모제는 산화염료(염료 중간체 + 색소 중간체)와 알칼리제(NH_3, 암모니아)가 탈색작용과 동시에 저분자 화합물인 염료중간체를 고분자 화합물로 결합해 발색에 따른 화학작용을 하게 된다.

(1) 산화염료

산화염료는 단독으로 존재할 경우 무채색으로 크기가 작은 색소이지만 산소와 결합되는 산화과정을 통해 유색의 큰 입자의 색소가 되어 모피질 내에 발색하게 된다. 산화염료는 주로 파라페닐디아민계(PPDA)의 염료를 사용하는데 파라트릴렌디아민(paratrilene diamine)은 다갈색, 흑갈색, 파라페닐디아민(paraphenylene diamine)은 흰머리를 검게 만드는 데 사용하며, 파라아미노페놀(paraamino phenole)은 갈색, 레졸씨놀(rasor zinel)은 황갈색, 모노니트로페닐레디아민(mone nitro-phenylene diamin)은 적색을 나타내는 염료이다.

(2) 알칼리제(NH_3, 암모니아)

모표피를 팽윤시켜 색소의 침투를 용이하게 하는 역할을 한다. 알칼리제는 과산화수소와 반응하여 유리산소를 발생시킴으로써 멜라닌 색소의 산화를 촉진한다. 알칼리제로는 암모니아와 모노에탄올을 많이 쓰는데 전문가들이 사용하는 제품은 주로 암모니아수를 베이스로 한 염모제가 많으며 비용이 저렴하고 시술 후 시간이 지나면 휘발되어 모발에 잔류하지 않는다. 서브용으로 모노에탄올아민(monodthanolamine)을 이용하기도 하는데 에탄올아민은 홈케어제품에 사용하는 경우가 많으며 얼룩이 적게 지는 반면, 비휘발성으로 모발에 잔류하게 되어 추후 시술에 영향을 주게 된다.

2 염모제 2제 구성성분

(1) 과산화수소(H_2O_2/산화제)

과산화수소는 모피질 내 있는 멜라닌색소를 산화시켜 옥시멜라닌이라는 색이 없는 분자형태로 산화되어 탈색의 효과를 나타내게 된다. 과산화수소는 1제(산화염료+알칼리제)와 혼합되어 탈색 및 발색의 역할을 한다.

과산화수소는 산소가 있어야 하는 모든 화학과정에 사용되는 가장 일반적인 화학제품으로서 물 분자 두개에 산소 분자 두 개가 더해져 만들어졌다. 과산화수소는 모발 염색에 가장 일반적으로 사용되는 산화제로서 모발의 색소인 멜라닌과 같은 물질에 결합하여 더 강한 과산화물을 형성하여 모발을 산화시켜 모발 색소를 밝게 해주는 산화되는 물질이다.

산소와 멜라닌의 결합은 과산화물 용액의 작용으로 인해 모발 안의 멜라닌이 분산되게 되고 이 분산된 멜라닌으로 인해 모발은 표백되어 보이게 된다. 과산화물은 스스로 모발의 색을 부드럽게 탈색하는 효과가 있어 화장품학에서 산화제, 발생기, 촉매제 등으로 불린다.

과산화수소는 분말형, 크림형, 액상 타입이 있다. 분말형태는 액상의 과산화수소 용매에 볼륨을 높이는 데 사용되며 크림 과산화물은 밀도가 높은 부가물의 형태로 농축 첨가물로 밀도가 높기 때문에 함량을 조절하기 쉽고 제품을 만들기에도 용이하다. 높은 강도를 요구할 때는 첨가제를 사용하여 강도를 조절한다.

유럽시장에 판매되고 있는 H_2O_2는 12%(40 vol)까지 허용하나 국내에서는 9%(30 vol)까지 시판되고 있다. 높은 함량의 과산화수소는 두피에 화상을 줄 수 있으므로 하이라이트(Highlight)시에만 사용해야 한다.

명칭

과산화수소수 / H_2O_2 / 하이드로 페록사이드(Hydrogen Peroxide)

발견

1818년 테나르(Thenard)가 처음 발견

과산화수소는 산화바륨과 염산을 반응시켜 염화바륨과 과산화수소($BaO_2 + 2H\ Cl \rightarrow BaCl + H_2O_2$)를 만든다.

1821년 미용산업분야에서 과산화수소를 활용하여 적용시키고 이 후 탈색제, 산화염모제, 펌 용액 중 제2제로서 사용되고 있다.

보존성

과산화수소는 pH가 산성(2.5 ~ 3.5)으로 단독으로는 불안정 하다. 과산화수소의 불안정한 부분을 안정화시키기 위해 첨가물(인산, 구연산, 유산 등)을 혼합하여 사용한다. 과산화수소는 빛과 열에 약하고 금속성분이나 유기체(박테리아) 등에 의해 쉽게 분해되거나 휘발하므로 플라스틱 병이나 갈색 병에 밀봉하여 냉암 속에 보관해야 한다.

H_2O_2의 보관방법

H_2O_2는 먼지, 알칼리, 햇빛에 의하여 분해된다.

- 용기를 밀봉하여 먼지가 들어가지 않게 하며, 가능한 사용 시에도 뚜껑을 닫는다.
- H_2O_2의 양을 원하는 만큼 덜어서 사용한다. 이때 사용하던 H_2O_2를 용기에 합류시키면 먼지나 분리된 산소에 의해 H_2O_2의 세기를 희석한다.
- 산화제 용기는 투명한 플라스틱으로서 빛을 통과시키지 않은 것을 택하며 갈색 유리병을 사용한 경우 직사광선에 의해 유리가 깨어져 사고가 날 가능성이 있으므로 조심한다. 용기가 플라스틱인 경우에도 모양이 뒤 틀려 있다면 산소의 분리에 의해 용기가 폭발할 수도 있으므로 가급적 멀리 서서 뚜껑을 개봉한다.
- H_2O_2는 산(Acid)일 때 가장 안정하나 안정을 위해 산을 추가한다.
- H_2O_2를 알칼리와 섞으면 H_2O_2에서 산소의 분리가 일어난다.
- H_2O_2는 O(산소)를 방출한다. 그러므로 헤어스프레이나 세팅로션처럼 화염성이 있는 화학제품과 함께 보관해서는 안 된다.

산화제의 단위

산화제의 단위는 Volume이나 %로 표기한다. Volume은 과산화수소가 방출할 수 있는 산소의 양을 말하며 %는 과산화수소의 농도를 말한다.

point

과산화 수소의 역할!

- 색소형성에 필요한 pH조절
- 모표피 팽창과 케라틴 결합(keratin bond)을 연화
- 촉진제(actervater) H_2O_2와 혼합 산소방출을 가속화 산화제의 분해를 도움

2. 염모제의 원리

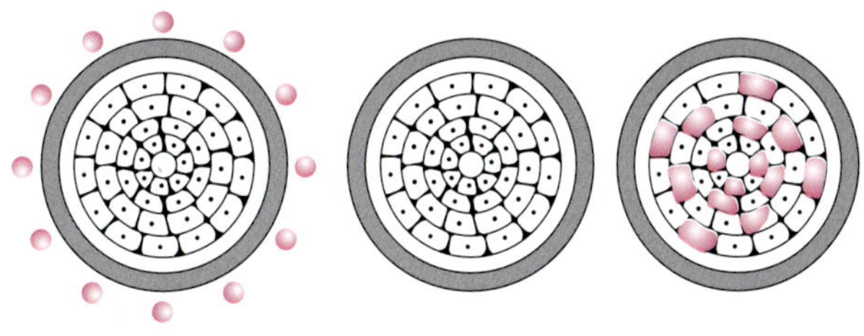

일반적으로 염모제는 영구염모제를 말한다. 구성성분으로는 1제(산화염료와 암모니아)와 2제(과산화수소)로 구성되어 있다. 알칼리제는 모발을 팽윤시켜 모표피(Cuticle)를 열어 산화염료(색소)의 모피질(Cortex)층 침투를 도와주며 2제인 산화제는 과산화수소로 색상을 피질층에 가두는 역할을 한다.

결과적으로 멜라닌(Melanin)색소를 산화시켜 산화중합반응을 일으키게되고 모발의 자연색상을 밝게 탈색 해주는 동시에 화학적인 염모제가 그 자리에 착색되게 된다. 이때 남아있는 자연모의 색상과 화학적인 염료의 색상이 더해져 모발에 최종결과 색상을 만든다.

염색의 원리는 산소에 의한 탈색과 발색의 동시반응으로 염모제는 시간에 따라 작용이 다르게 일어난다. 염모제 도포 후 10분 후에는 레벨이 업되며 색소가 사라지고, 30분이 경과하면 인공색소가 침투되고 모발에 염료가 안착되기 시작한다. 보통 35분의 프로세싱 타임이 지나면 결과색이 나타나게 된다.

염색의 결과색 = 언더코트 + 도포한 색상

염색시간에 따른 염모제의 작용 표

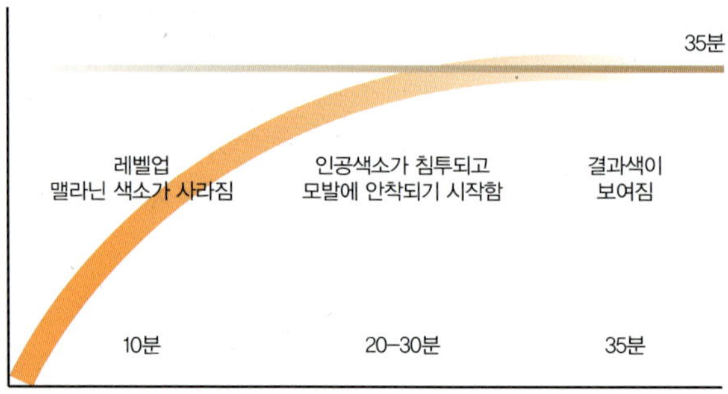

3. 탈색제의 성분

탈색제는 제1제인 알칼리제와 제2제인 과산화수소를 주성분으로 혼합하여 사용하게 된다.

1 탈색제 1제 구성성분

(1) 알칼리제

모표피를 팽윤 · 연화시켜 탈색제가 모피질로 침투하도록 도와준다.

탈색제의 주성분은 제조사마다 다르나 주로 과황산암모늄, 과황산칼륨, 과황산나트륨을 주로 사용한다.

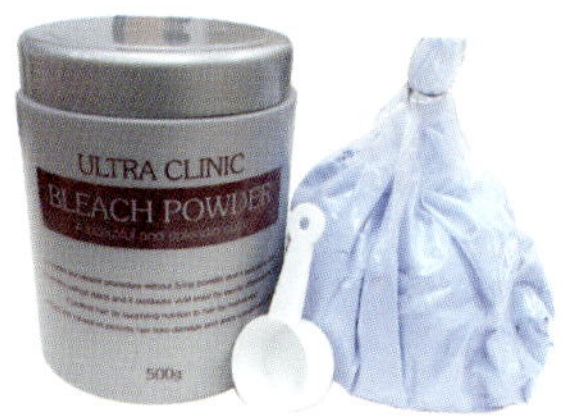

2 탈색제 2제 구성성분

(1) 과산화수소

모피질 내 자연 멜라닌을 파괴하여 탈색시킨다.

멜라닌 색소의 분해를 촉진하며 산소 발생을 도와준다.

4. 탈색제의 원리

모발의 탈색은 모발로부터 자연 모발 색소를 제거하는 것이다. 모발 탈색제는 알칼리제(암모니아수)를 주성분으로 한 제1제와 과산화수소를 주성분으로 한 제2제를 혼합하여 사용하고 이때 발생하는 산소가 모피질 속의 유멜라닌과 페오멜라닌을 색이 없는 분자형태로서 탈색되어 변화한다.

5. 탈색의 과정

(1) 큐티클 열림

탈색제의 알칼리 성분이 모발을 연화시키고 큐티클을 열어준다.

(2) 산화제 침투

색소 형성에 필요한 pH를 조절하고 산소 방출을 가속화한다.

(3) 멜라닌 산화

산화제와 멜라닌 색소가 반응하여 옥시멜라닌의 투명하고 무색에 가까운 형태로 변화한다.

(4) 모발색상 변화

멜라닌이 분해되면서 모발은 원래 색상을 잃고 탈색된다.

5 Chapter
염모제와 산화제의 분류

1. 성분에 따른 염모제 분류

1 식물성 염모제

식물성 염모제는 카밀레(Chamomile), 세이지(Sage), 헤나(Henna) 등 여러 가지 식물을 활용하여 모발을 염색하는데 사용하고 있다.

(1) 헤나(Henna)

식물성 염료로서 현재에도 전문적 머리염모제로서 주의를 요하고 있는 제품이다. 고대 이집인들에 의해 모발, 손톱, 손바닥을 염색하기 위해 시작되었다.

헤나는 붉은색을 가지고 있으나 호두껍데기(밤색, 적갈색)나 쪽(파란 반사 빛)과 혼합했을 때 붉은 갈색 혹은 검은 색조를 띠게 된다.

(2) 카밀레(Chamomile)

서부 유럽에서 자라는 식물인 카밀레 꽃으로부터 얻을 수 있는 활성 염색 물질이다. 주로 요리 시에 사용되며 향료로 쓰인다. 자연적인 금색 모발의 재생을 원하는 사람들을 위한 특허 샴푸에 종종 함유된다.

2 금속성 염모제

Co(코발트), Pb(납), Ag(은), Cu(구리), Fe(철), Si(규소), N(질소), Hg(수은) 등의 금속염이 모발 염료에 사용된 염모제를 말한다. 이 중 납은 과거부터 현재까지도 사용되고 있다. 금속성 염모제로 염색하게 되면 착색력이 매우 강해지므로 색상이 영구히 지속되며, 다른 색상으로의 컬러체인지가 어렵다.

3 혼합성 염모제

혼합성 염모제는 금속성 또는 무기질 염료를 식물성 염료와 혼합하여 사용하는 염모제를 말한다. 금속성 염을 추가하여 착색력을 더 강화하고, 다른 색을 만들어낸다. 금속성 염료와 마찬가지로 혼합적 염료는 전문적 용도로는 사용되지 않는다.

4 산화 염모제

산화 염모제는 가장 많이 사용되는 일반 염모제로서 1제와 2제로 구성된다. 산화 염모제는 1제와 2제가 결합하여 염료의 중합반응을 일으켜 원하는 색상으로 염색이 이루어진다. 이때 2제의 양에 따라 염색시술의 결과가 달라질 수 있으므로 2제의 양을 정확히 저울로 측정하여 시술하는 것이 중요하다.

2. 염색의 지속성에 따른 염모제 분류

1 일시적 염모제 -1~2회 샴푸로 제거

일시적 염모제는 모발의 모표피층을 감싸주기만 하므로 1~2회의 샴푸에 의해 염모제는 벗겨져서 다음 샴푸를 할 때 곧바로 헹구어진다.

선택한 종류와 색조에 따라 가장 평이한 색에서 가장 특이한 색까지 모발 색의 변화를 다양하게 가져올 수 있다. 일시적 모발 염모제품은 공인된 염모제로서 안전성 검사가 된 염료이며 이들은 순하고 안전한 염모제이다.

암모니아나 과산화수소가 들어 있지 않아서, 여러 번 사용한다 해도 모발이 건조해지거나 쉽게 부스러지지 않는다. 컬러린스, 컬러샴푸, 컬러 스프레이, 컬러왁스 등이 일시적 염모제에 해당한다.

2 반영구적 염모제 - 4 ~ 6주 유지

반영구적 염모제는 4 ~ 6주 동안 샴푸 횟수에 의해 지속하도록 고안된 것으로서 약간의 침투작용을 하여 모피질에 색이 흡수될 뿐만 아니라 모표피에 침투, 흡착되어 약간의 막을 입힌다.

반영구적 염모제는 모발의 기본적인 구조를 변화시키지 않는 착색만 하는 것으로 같은 색상을 더욱더 어둡게 하거나 탈색된 모발 위에 색조를 입히기 위해, 염모제 색상의 지속기간을 늘리기 위해 사용한다.

산화제나 암모니아가 들어있지 않으므로 모발의 자연 색을 탈색시키지는 않지만 자연모의 탈색된 모발 또는 이미 영구적 염모제로 염색된 모발에 독특한 컬러를 덧입혀 연출할 수 있다.

3 영구적 염모제 - 영구적으로 유지

영구적 염모제는 모표피 염모제가 침투하여 모피질에 색소 분자가 자리 잡도록 만들어졌다. 염료의 침투와 산화제의 산화작용으로 인해 모발은 탈색과 착색이 동시에 이루어지게 된다.

영구적 염모제는 영구적으로 모피질에 착색이 이루어지므로 잘라내거나, 모발의 손상으로 인해 모표피가 열려서 색소가 퇴색되지 않는 이상 영구적으로 색상이 유지된다.

3. 과산화수소의 %(vol)에 따른 산화제 분류

1 산화제의 단위

Volume이나 %로 표기하며 Volume은 과산화수소가 방출할 수 있는 산소의 양을 말하며 %는 과산화수소의 농도를 말한다.

예 1Volume은 1의 H_2O_2가 방출할 수 있는 산소의 양

〈Vol〉 1의 H_2O_2 20 vol은 20의 산소를 방출
1의 H_2O_2 10 vol은 10의 산소를 방출
1의 H_2O_2 30 vol은 30의 산소를 방출
1의 H_2O_2 40 vol은 40의 산소를 방출

〈%〉 3% H_2O_2 100 용액은 물 97g에 H_2O_2 3g
6% H_2O_2 100 용액은 물 94g에 H_2O_2 6g
9% H_2O_2 100 용액은 물 91g에 H_2O_2 9g
12% H_2O_2 100 용액은 물 88g에 H_2O_2 12g

2 산화제의 퍼센트(%)에 따른 모발 명도의 변화량

농도	유리 산소 발생 양	영구 염모제 혼합 시 모발 명도의 변화 양
3%	10 volume	모발을 거의 밝게 하지 못하거나 1레벨 밝게 해줌
6%	20 volume	모발의 밝기를 최고 2레벨 밝게 해줌
9%	30 volume	모발의 밝기를 보통 3레벨 밝게 해줌
12%	40 volume	모발의 밝기를 4 ~ $4\frac{1}{2}$ 레벨 밝게 해줌

point

- 탈색 시 혼합비율과 달리 산화제를 많은 비율로 사용한다면 색소의 희석으로 색상이 흐릿해 보인다.
- 혼합비율과 달리 산화제를 적은 비율로 사용한다면 산화작용이 덜 일어나게 되어 탈색과 발색이 부족하게 된다.
- 고객의 모질에 따라 달라질 수 있으나, 탈색 시에는 산화제의 양이 적을수록 밝아지며, 염색 시에는 산화제의 양이 많을수록 밝아진다.

6 Chapter 헤어컬러 실기 준비

1. 사전 테스트

1 스트랜드 테스트

염색이나 파마를 한 후에 나타날 반응을 미리 살펴보기 위하여, 머리카락 일부에 약품을 묻혀 실시하는 검사를 스트랜드 테스트라 한다. 약품에 대한 반응과 색상, 머리카락의 손상 여부를 확인하여 염색이나 파마 등에 알맞은 제품과 시간을 결정한다.

2 패치 테스트

패치 테스트란, 약액이나 화장품을 천 조각에 칠하고 피부의 부드러운 부분(일반적으로 윗팔 안쪽)에 붙여 24~72시간 정도 방치하여 가려움이나 물집이 없는지를 조사하는 피부 검사인 알레르기 테스트이다.

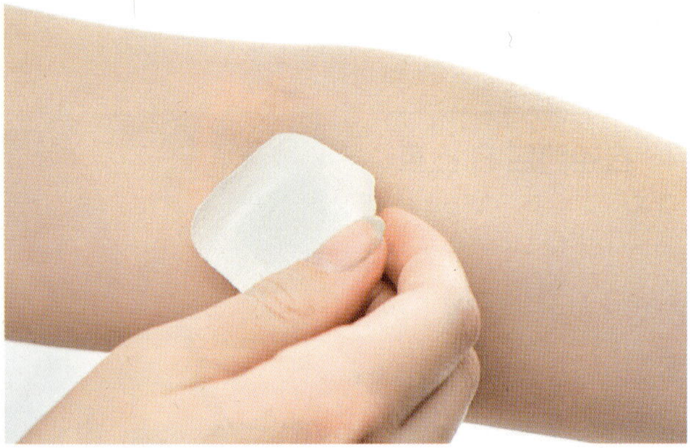

point

패치 테스트 사용방법

- 패치 테스트는 염색 2일 전(48시간 전) 팔의 안쪽 또는 귀 뒤쪽 머리카락이 난 주변의 피부를 비눗물로 잘 씻고 탈지면으로 가볍게 닦아 제품의 소량을 정해진 용법대로 혼합하여 동전 크기로 바르고 자연건조시킨 후 그대로 48시간 방치한다.
- 테스트 부위는 테스트액을 바른 후 30분, 48시간 후 총 2회를 반드시 행해 발진, 발적, 가려움 등의 피부 이상이 있는 경우 바로 씻어내고 염모하지 말아야 한다.
- 눈썹, 속눈썹 등은 위험하므로 사용하지 말아야 한다.

2. 염모제 도포법

1 블로킹

- 시술 전 모발은 빗을 이용하여 정리 후 블로킹한다.
- 사이드 수직선은 탑 포인트 1cm 뒤, 즉 T.G.M.P를 기준으로 하여 E.P까지 사선으로 파팅을 나눈다.
- 4등분 블로킹을 나누었을 때 4등분 면적의 크기가 같게 만들어야 염모제 도포 시 정확한 시술이 가능하다.

2 브러시 각도에 따른 염모제의 도포량 조절

• 브러시의 각도를 조절하여 염모제의 도포를 연습하는 이유는 모근 쪽보다 모발의 길이, 길이 끝의 염모제 도포량이 많아져야 하므로 각도에 따른 도포량을 잘 숙지하고 익혀야 한다.
• 브러시의 각도를 직각에 가깝게 하면 도포량이 적어지고, 브러시의 각도를 누이면 도포량은 많아진다.
• 염모제의 도포 시 브러시의 각도를 조절하여 염모제의 도포량을 조절
• 새치머리 염색 시 브러시를 눕혀서 얹듯이 도포 / 모근 쪽은 브러시를 세워서 도포량을 적게 해야 한다.

브러시의 각도	90°	45°	0°
도포량	브러시를 세워서 도포하므로 도포량이 적음	도포량이 적정함	브러시에 접하는 면적이 커져 도포량이 많음

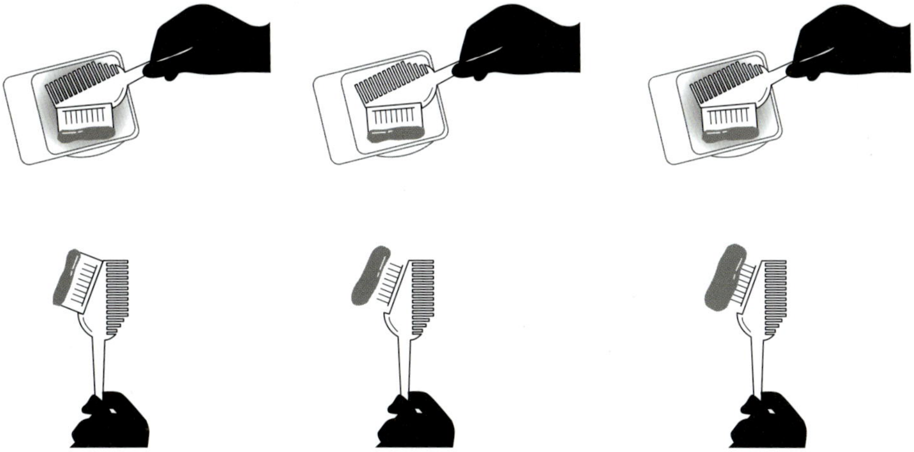

붓으로 조절하는 염모제의 양과 도포 부위

도포 부위	브러시 면적	각도
모근 가까이 1cm 미만을 도포할 때	브러시 면적의 1/3 지점에만	90°로 세워서 도포
모근 쪽 3cm 미만을 도포할 때	브러시 면적의 1/2 지점까지	45°
모근 가까이를 제외한 모발을 도포할 때	브러시 면적의 2/3 지점까지	45°, 0°

3 두피열과 도포량

두상에서는 위치에 따라 열이 높고 낮은 부위가 있어 염색의 발현에 영향을 미치게 된다. 두상의 열은 주요 동맥이나 큰 혈관의 분포와 뇌활동 및 주요 신경과의 거리, 피부의 두께 및 모발의 밀도 등에 따라 다르다.

열이 많은 부위는 열이 없는 부위보다 염색의 발현이 잘되며 모근 쪽이 모발 끝 쪽에 비해 염색이 잘되어 염색이 잘 안되는 부위에 염모제 도포량을 증가시키는 방법으로 염모제를 조절하여 결과 색을 균일하게 만들어 준다.

- 열 ↑ : 프론트 사이드, 정수리
- 열 ↓ : 네이프, 센터 포인트, 사이드 코너 포인트

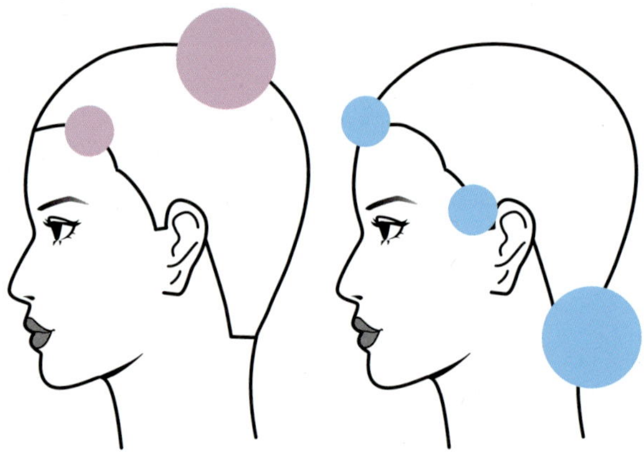

염색이 잘 되는 부분 잘 되지 않는 부분

4 모발 길이에 따른 도포법

자연모의 염색 도포 시 모발의 길이에 따라 도포법을 달리하게 된다.

그 이유는 두피 온도에 의해 두피부터 모발의 1 ~ 2cm가 모발의 다른 부위에 비해 작용시간이 1.5 ~ 2배 이상 빨라지기 때문에 두피 열을 고려하여 도포법을 결정해야 하기 때문이다.

또, 자연모의 경우 모발의 길이가 20cm 이상이 될 경우 모발 끝부분이 햇빛이나 외부의 자극을 통해 퇴색되어 모발이 다른 부위보다 밝기 때문에 이러한 퇴색도 고려하여 도포법을 결정해야 한다.

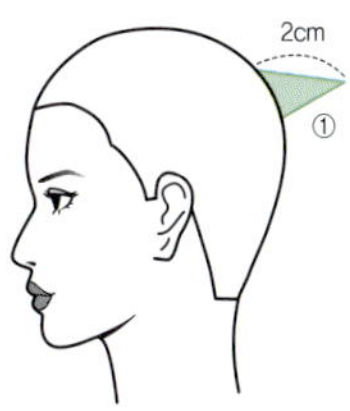	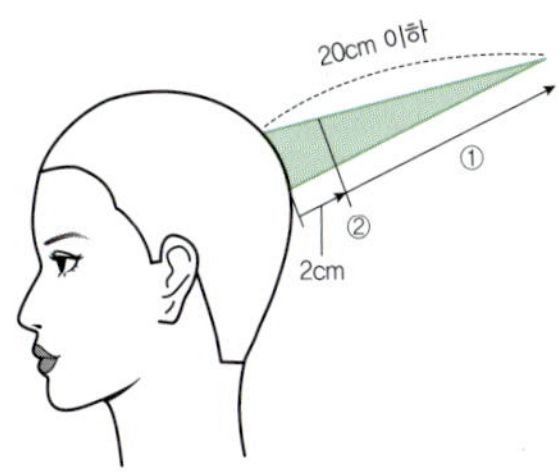	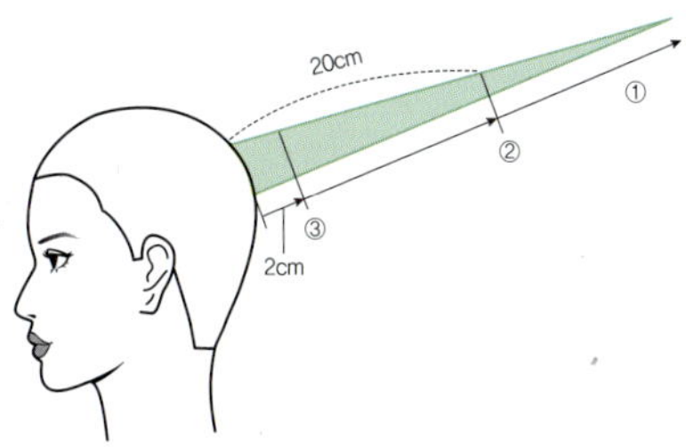
모발의 길이가 2cm 이하인 경우	모발의 길이가 3-20cm인 경우	모발의 길이가 20cm 이상인 경우
원 터치	투 터치	쓰리 터치
• 전체 도포 후 30 ~ 35분 방치	• 모근 부위의 신생모 2cm를 제외한 나머지 도포 후 15 ~ 20분 방치 • 모근 부위의 신생모 2cm 부위 도포, 아래 연결 후 10 ~ 15분 방치	• 모근부터 신생모 20cm까지를 제외한 나머지 모발 끝부분을 도포 후 10-15분 방치 • 모근 부위의 신생모 2cm를 제외한 나머지 도포 후 10 ~ 15분 방치 • 모근 부위의 신생모 2cm 부위 도포, 아래 연결 후 5 ~ 10분 방치

실기편

2 Practice

1 Chapter 베이직 헤어컬러

1. 1차색과 2차색

1 실기 전 기초 이론

(1) 1차색

- 기본색 : 파랑, 빨강, 노랑
- 절대 만들어질 수 없는 색

(2) 2차색

색 공간 내에서 1차 색상을 서로 혼합하여 만들어지는 색상. 1차색 두 가지를 동일한 양으로 혼합하여 만들어지는 색을 2차색이라 한다.

빨강 + 파랑 = 보라, 노랑 + 빨강 = 오렌지, 파랑 + 노랑 = 초록

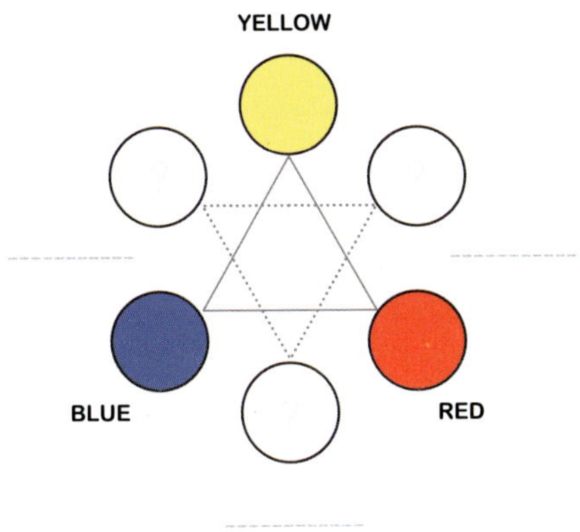

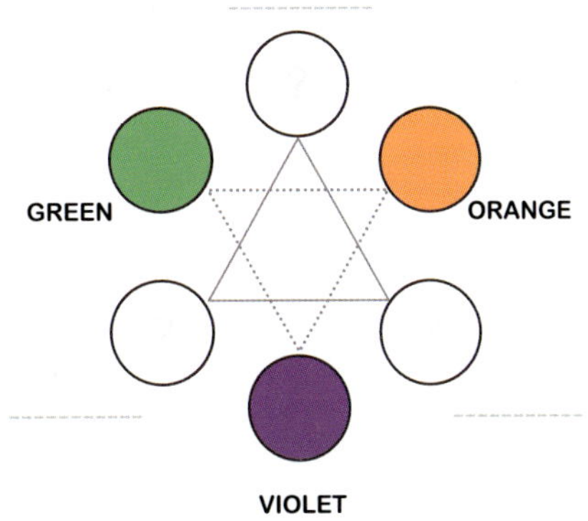

2 실기 준비물

염색붓, 염색볼, 포일, 매니큐어(빨, 노, 파), 필기구, 파일, 색칠용 용지 등

3 실기

1차색, 2차색, 검정색 만들기

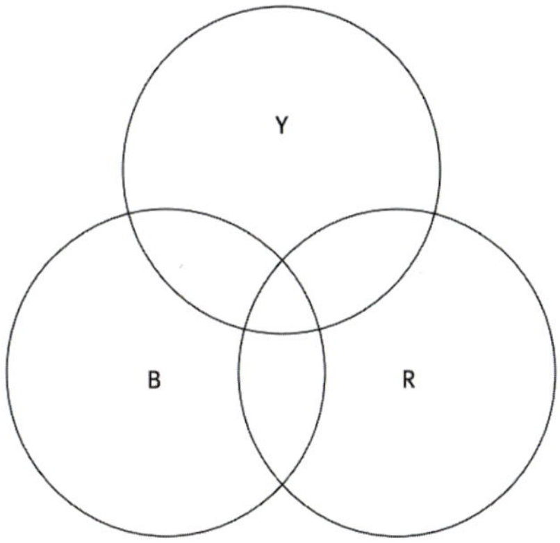

① 1차색과 2차색을 제조할 색칠용 용지를 준비한다.

② 포일에 빨강, 파랑 노랑의 매니큐어를 적당량 짠다.

1차색, 2차색, 검정색 만들기

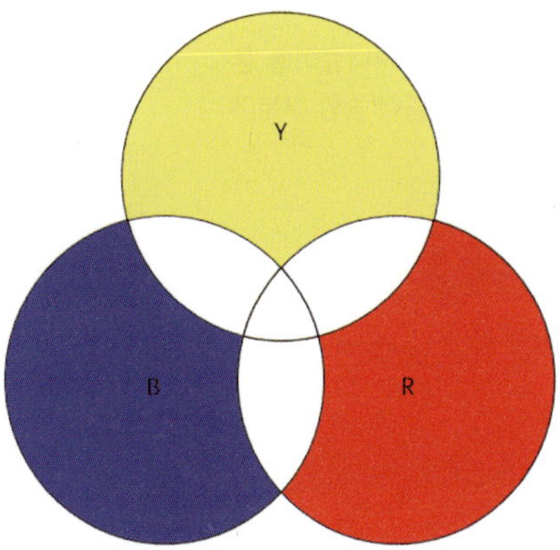

③ R 부분에 빨강을 색칠한다.
B 부분에 파랑을 색칠한다.
Y 부분에 노랑을 색칠한다.

1차색, 2차색, 검정색 만들기

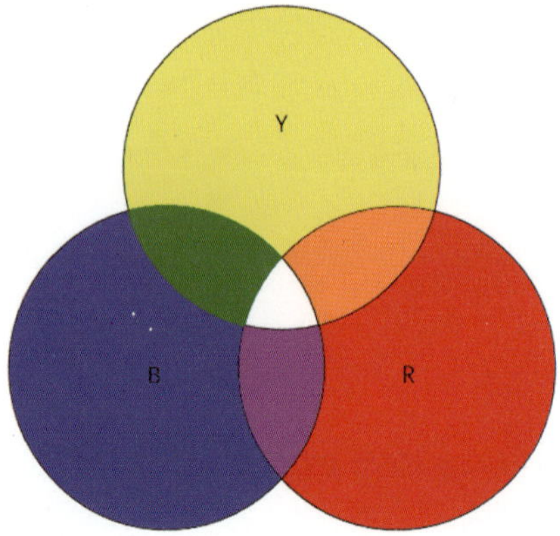

④ 노랑과 파랑 사이에 노랑 + 파랑을 혼합하여 색칠한다.
빨강과 파랑 사이에 빨강 + 파랑을 혼합하여 색칠한다.
노랑과 빨강 사이에 노랑 + 빨강을 혼합하여 색칠한다.

1차색, 2차색, 검정색 만들기

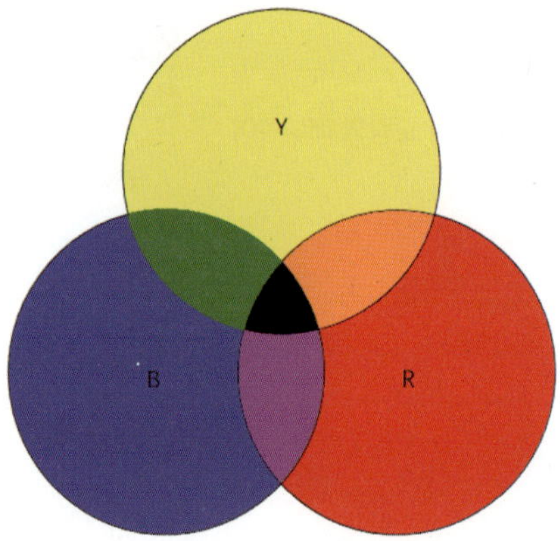

⑤ 빨강 + 파랑 + 노랑 매니큐어를 혼합하여 검정을 만들어 중앙 부분에 색칠한다.

4 완성

1차색, 2차색, 검정색 만들기

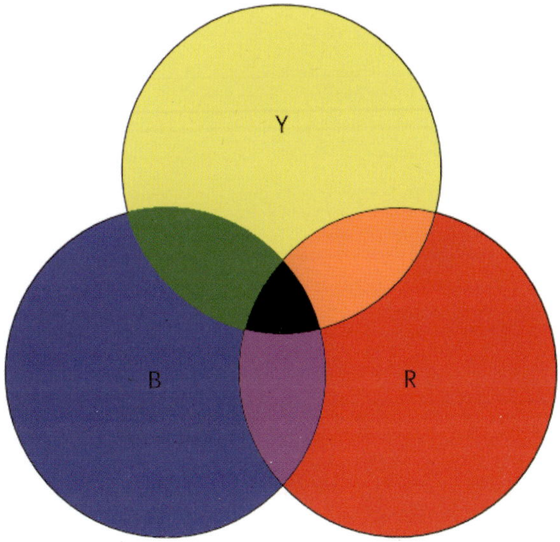

2. 2차색과 3차색

1 실기 전 기초 이론

(1) 2차색

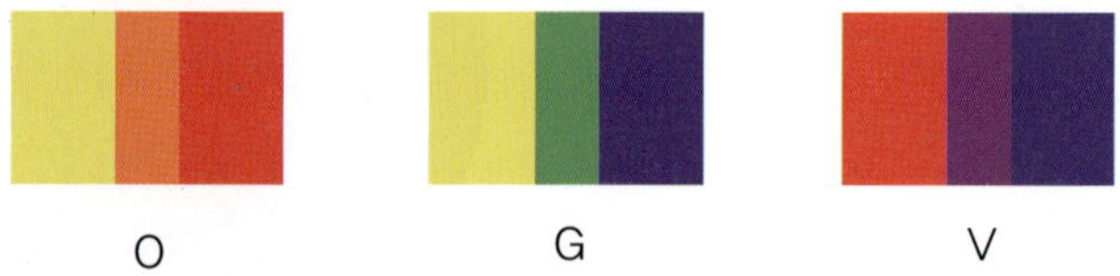

2차색은 1차색 두 가지를 같은 양으로 혼합하여 얻어지는 색이다. 같은 양으로 혼합했을 경우, 노랑(Yellow)과 파랑(Blue)은 녹색(Green), 파랑(Blue)과 빨강(Red)은 보라(Violet), 그리고 빨강(Red)과 노랑(Yellow)은 주황색(Orange)을 만들어낸다.

기본색의 혼합	2차색
빨간색 + 노란색	= 오렌지색
빨간색 + 파란색	= 보라색
노란색 + 파란색	= 초록색

(2) 3차색

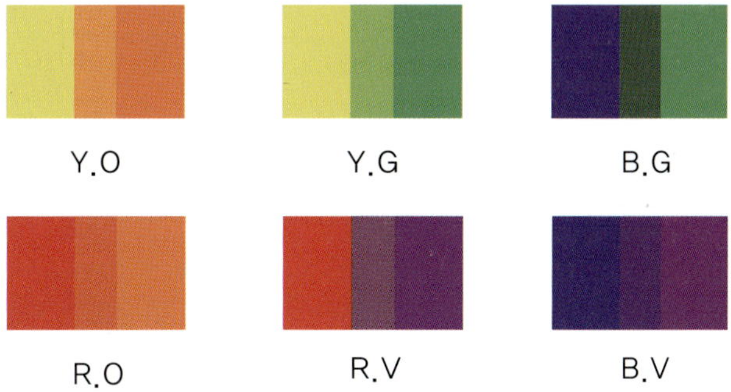

3차색은 기본색 한 가지를 이에 근접한 2차색 중 하나와 같은 양을 혼합했을 경우 얻을 수 있다. 3차색은 노랑(Yellow)과 녹색(Green)을 혼합했을 경우 연두색(Green-Yellow), 파랑(Blue)과 녹색(Green)은 청록(Blue-Green), 파랑(Blue)과 보라(Violet)는 남색(Blue-Violet), 빨강(Red)과 보라(Violet)는 자주(Red-Violet), 빨강(Red)과 주황(Orange)은 다홍(Pale Yellow Red), 그리고 노랑(Yellow)과 주황(Orange)은 귤색(Pale Red Yellow)이 만들어진다.

기본색	2차색	3차색
빨간색	주황색	다홍색
	보라색	자주색
노란색	주황색	귤색
	초록색	연두색
파란색	보라색	남색(청보라색)
	초록색	청록색

2 실기 준비물

염색붓, 염색볼, 포일, 매니큐어(빨, 노, 파), 필기구, 파일 등

3 실기

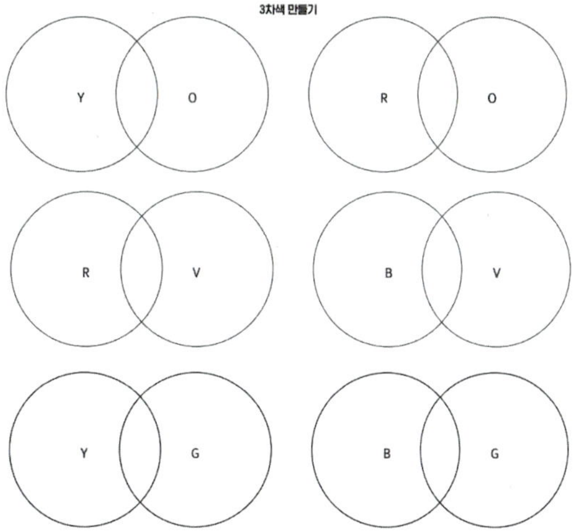

① 3차색을 제조할 색칠용 용지를 준비한다.

② 포일에 빨강, 파랑 노랑의 매니큐어를 적당량 짠다.

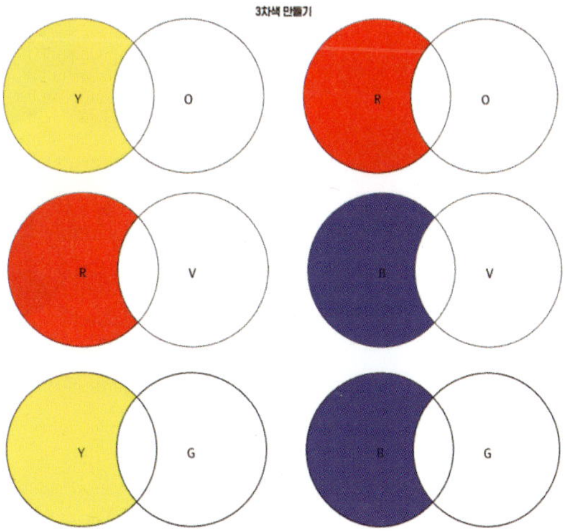

③ R 부분에 빨강을 색칠한다.
B 부분에 파랑을 색칠한다.
Y 부분에 노랑을 색칠한다.

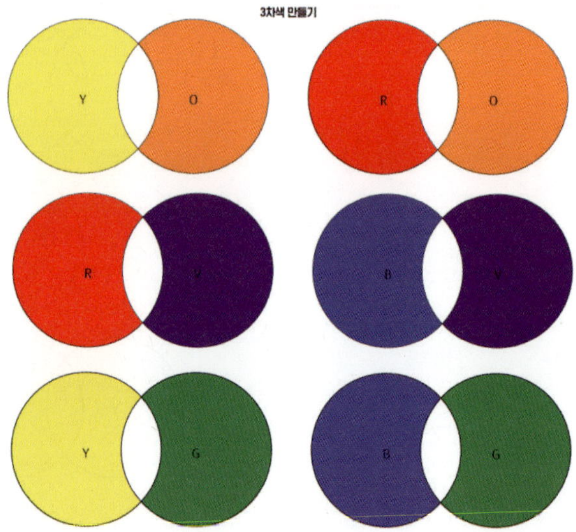

④ 노랑과 빨강을 혼합하여 O 부분에 색칠한다.
빨강과 파랑을 혼합하여 V 부분에 색칠한다.
노랑과 파랑을 혼합하여 G 부분에 색칠한다.

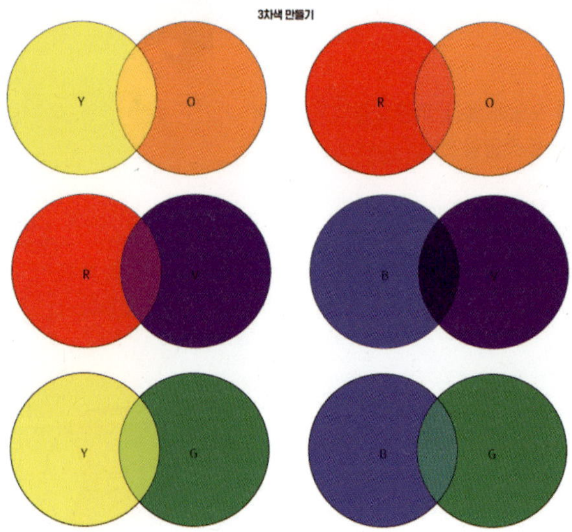

⑤ 마주보는 원형을 두 가지 색상을 혼합하여 중앙부위에 색칠한다.

4 완성

3차색 만들기

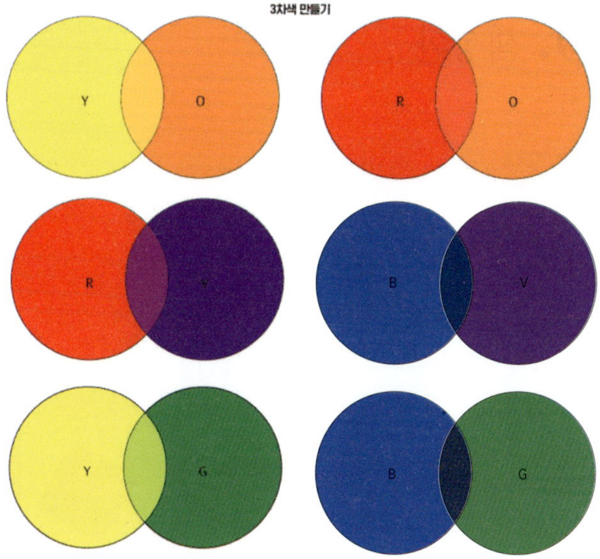

3. 색상환

1 실기 전 기초 이론

(1) 색상환

색상의 변화를 계통적으로 고리모양으로 배열한 것이 색상환(色相環)이다. 먼셀이나 오스트발트 표색계에서는 색상별로 척도표시가 되어 있다.

염모제의 회사들은 기초색상(Color-Base)들을 고유표를 붙여 상품에 표시한다.

(2) 색상환의 색

색상환은 색료(色料)의 3원색(노랑, 빨강, 파랑)을 기초로 혼색 비율을 달리 하여 색상을 둥글게 배치하여 만든 표이다.

- Y – 노란색(Yellow)
  R – 빨간색(Red)
  B – 파란색(Blue)
- O – 오렌지(Orange)
  V – 보라색(Violet)
  G – 초록색(Green)
- Y.O – 노란빛 오렌지색(Yellow-Orange)
  Y.G – 노란빛 초록색(Yellow-Green)
- R.O – 빨간빛 오렌지(Red-Orange)
  R.V – 빨간빛 보라색(Red-Violet)
- B.V–파란빛 보라색(Blue-Violet)
  B.G – 파란빛 초록색(Blue-Green)

2 실기 준비물

헤어스와치, 염색붓, 염색볼, 포일, 헤어스와치, 하얀색 마분지, 매니큐어(빨, 노, 파), 펀치, 필기구, 파일, 종이컵 등

3 실기

① 헤어피스 스와치 중 MH15 (white) 10개를 준비한다.

② 포일에 빨강, 파랑 노랑의 매니큐어를 적당량 짠다.

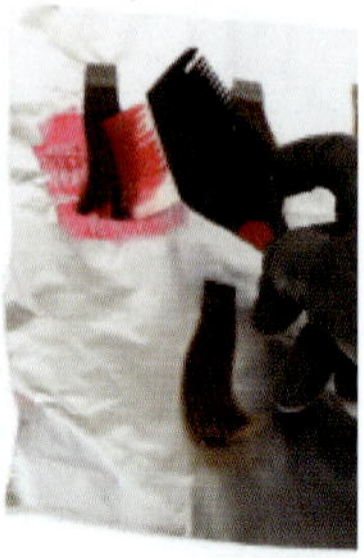

③ 색상환을 참고하여 스와치 매듭에서 1cm 정도를 띄우고 컬러를 도포한다.
방치 시간 30분 후 세척하고 드라이한다.

〈12가지 색상〉

- Y - 노란색(Yellow)
- R - 빨간색(Red)
- B - 파란색(Blue)
- O - 오렌지(Orange)
- V - 보라색(Violet)
- G - 초록색(Green)
- Y.O - 귤색(노란빛 오렌지색/Yellow-Orange)
- Y.G - 연두(노란빛 초록색/Yellow-Green)
- R.O - 다홍(빨간빛 오렌지/Red-Orange)
- R.V - 자주(빨간빛 보라색/Red-Violet)
- B.V - 남색(파란빛 보라색/Blue-Violet)
- B.G - 청록(파란빛 초록색/Blue-Green)

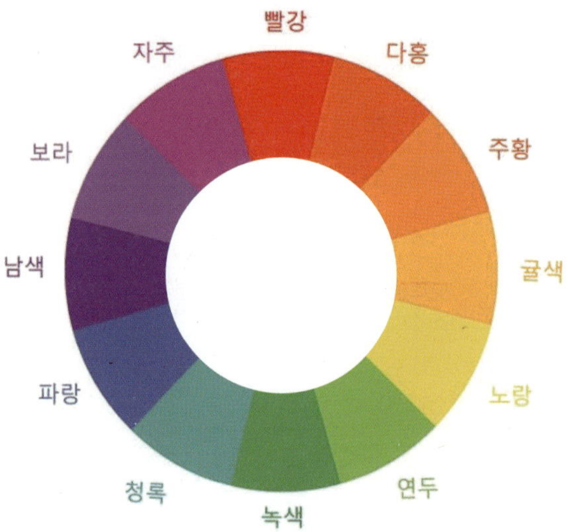

④ 흰색 마분지(8절지) 1장을 준비한다.

⑤ 마분지를 반으로 접는다.

⑥ 반으로 접은 마분지에 원을 그린 후
스와치를 끼울 칼집을 낸다.

⑦ 칼집 사이사이에 스와치를 끼워준 후 뒷부분에 유리테이프를 붙여 고정한다.
벌어지는 부분을 유리테이프로 막아 고정해 준다.

4 완성

색상환

4. 파스텔 컬러 만들기

1 실기 전 기초 이론

(1) 파스텔 컬러

파스텔 컬러란, '파스텔로(Pastello)'에서 유래한 말로 부드러운 중간색을 말한다. 밝고 아주 연한 톤의 색깔이 이에 해당된다.

강렬한 원색에 흰색과 회색 등을 섞어 중화시킨 색이며 비교적 편안하고 사랑스러운 느낌을 준다.

2 실기 준비물

염색붓, 염색볼, 포일, 헤어스와치, 하얀색 마분지, 매니큐어(빨, 노, 파, 투명), 펀치, 필기구, 파일 등

3 실기

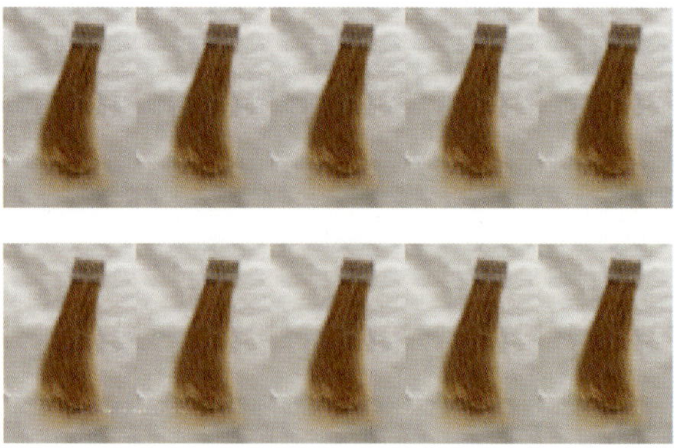

① 헤어피스 스와치 중 MH15(white) 10개를 준비한다.

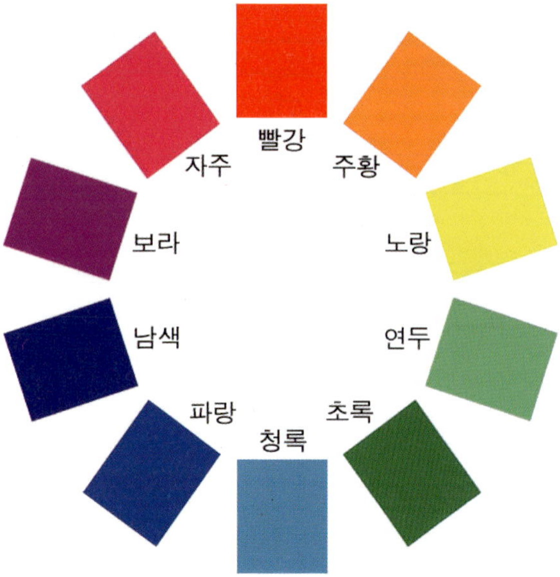

② 색상환을 참고하여 스와치 매듭에서 1cm 띄우고 컬러매니큐어: 투명매니큐어를 1:5 비율로 혼합하여 도포한다.
방치시간 30분 후 세척하여 드라이한다.

〈12가지 색상〉

- Y - 노란색(Yellow)
- R - 빨간색(Red)
- B - 파란색(Blue)
- O - 오렌지(Orange)
- V - 보라색(Violet)
- G - 초록색(Green)
- Y.O - 귤색(노란빛 오렌지색/Yellow-Orange)
- Y.G - 연두(노란빛 초록색/Yellow-Green)
- R.O - 다홍(빨간빛 오렌지/Red-Orange)
- R.V - 자주(빨간빛 보라색/Red-Violet)
- B.V - 남색(파란빛 보라색/Blue-Violet)
- B.G - 청록(파란빛 초록색/Blue-Green)

③ 흰색 마분지(8절지) 1장을 준비한다.

④ 마분지를 반으로 접는다.

⑤ 반으로 접은 마분지 위에 원을 그린 후 스와치를 끼울 칼집을 낸다.

⑥ 칼집 사이사이에 스와치를 끼워준 후 뒷부분에 유리테이프를 붙여 고정한다.
벌어지는 부분을 유리테이프로 막아 고정해 준다.

4 완성

파스텔 색상환

5. 보색과 보색중화

1 실기 전 기초 이론

(1) 보색

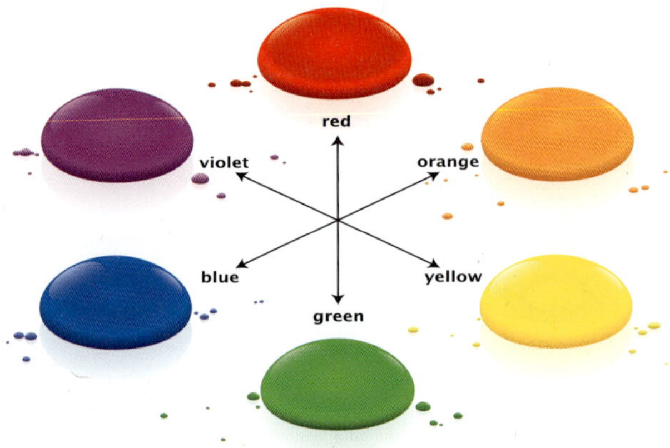

보색이란 색상환 안에서 서로 대척점에 위치해 있는 어느 두 가지 색을 말한다. 이들 둘을 혼합하면 서로 중화시키는 작용을 한다. 예컨대, 같은 양의 빨간색과 초록색은 서로를 중화시켜서 갈색을 만들어 낸다. 오렌지색과 파란색도 서로를 중화시키고 노란색과 보라색 역시 서로를 중화시킨다. 보색은 항상 기본색 하나와 동화색 하나로 이루어진다. 보색의 한 조는 항상 3가지 원색으로 이루어지게 된다. 예컨대 색상환을 보면 빨간색의 보색은 초록색이다. 초록색은 파란색과 노란색으로 이루어져 있다. 이들은 모두 원색 = 기본색이다. 따라서 이 보색의 한 조에는 원색이 세 가지 모두 쓰였음을 알 수 있다. 염색에 있어서 보색의 적용은 고객이 희망하는 컬러가 표출되지 않았을 시 잘못된 색상을 하여 보완하는데 중요한 역할을 한다.

- 보색은 색상환에서 서로 마주보고 있는 정반대 편에 놓인 색상을 말한다.
- 보색끼리 서로 혼합하게 되면 갈색이 된다.
  보색인 두가지 색을 더하면 = 무채색 (염색 시, 보색 + 보색 = 갈색 계열)
- 보색은 서로 나란히 배색하게 되면 서로의 색이 강조된다.

(2) 보색중화

보색중화란 특정 반사빛을 없애고 갈색계열로 변화시키는 것을 말한다.

- 보색계열의 반사빛을 사용한다(상반된 계열의 반사빛을 사용).
- 반사빛의 강도를 일치시켜야 한다.
- 보색을 첨가하면 명도와 채도가 낮아짐에 유의해야 한다.
  - 빨강 + 초록 = 중화색상
  - 파랑 + 오렌지 = 중화색상
  - 노랑 + 보라 = 중화색상
  - 노랑 + 빨강 + 파랑 = 중화색상

2 실기 준비물

염색붓, 염색볼, 포일, 헤어스와치, 하얀색 마분지, 매니큐어(빨, 노, 파), 펀치, 필기구, 파일, 수건, 드라이기 등

3 실기

① 포일에 빨강, 파랑 노랑의 매니큐어를 적당량 짠다.

② MH15(White) 3개를 꺼낸다.

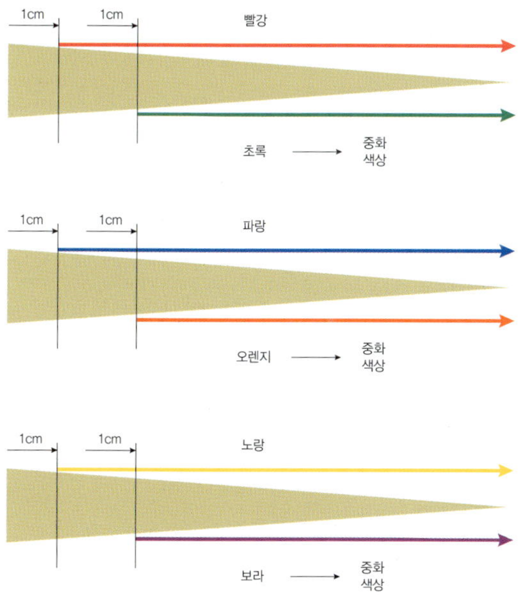

③ 왼쪽의 그림대로 스와치 3개를 작업한다.
30분 방치시간을 준 후 세척하고 드라이한다.

④ 흰색 마분지(8절지) 1장을 준비한다.

⑤ 마분지를 반으로 접는다.

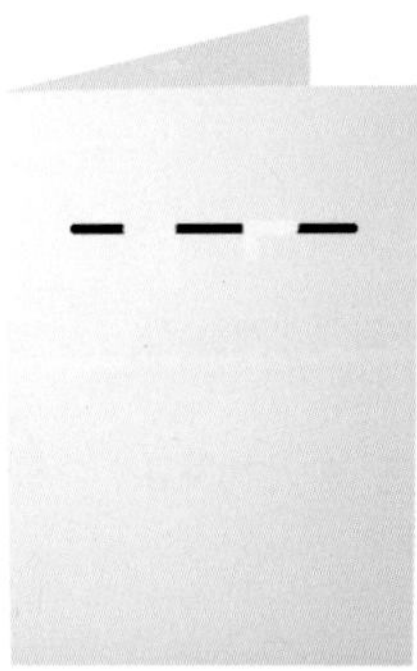

⑥ 제목 적는 부분을 놔두고 왼쪽 그림
처럼 칼집 3개를 낸다.

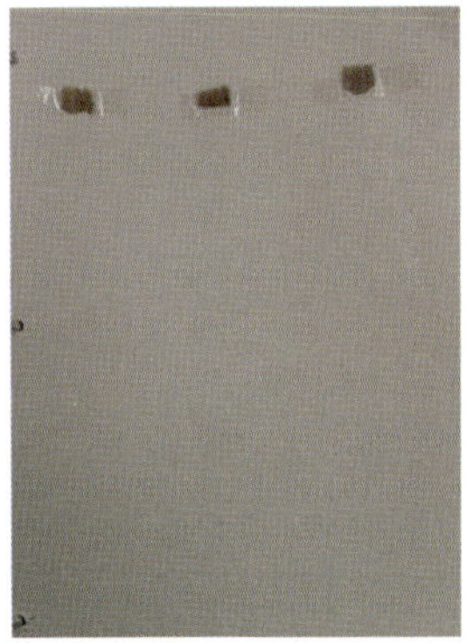

⑦ 스와치를 끼워주고 뒷부분에 유리테이프를 붙여 고정한다.

⑧ 벌어지는 부분을 유리테이프로 막아 고정해 준다.

4 완성

보색 중화

B + O = 갈색　　R + G = 녹색　　Y + V = 갈색

* 보색끼리 혼합하면 갈색이 되고 이를 보색 중화라 한다.

6. 자연모 레벨 만들기

1 실기 전 기초 이론

(1) 자연모 레벨

자연모 레벨은 모발의 자연적인 밝기 구분을 말한다. 자연모발의 색을 명도에 따라 어두운 색부터 밝은 색까지 1 ~ 10단계의 숫자를 가지고 측정한다.

레벨	색
10	금색
9	아주 밝은 황갈색
8	밝은 황갈색
7	황갈색
6	어두운 황갈색
5	밝은 갈색
4	갈색
3	어두운 갈색
2	아주 어두운 갈색
1	흑색

2 실기 준비물

염색붓, 염색볼, 포일, 전자저울, 헤어스와치, 하얀색 마분지, 탈색제, 산화제(6%, 9%), 펀치, 필기구, 파일 등

3 실기

① 자연모 레벨 5-10레벨을 완성하기 위하여 Black 스와치 6개를 준비한다.

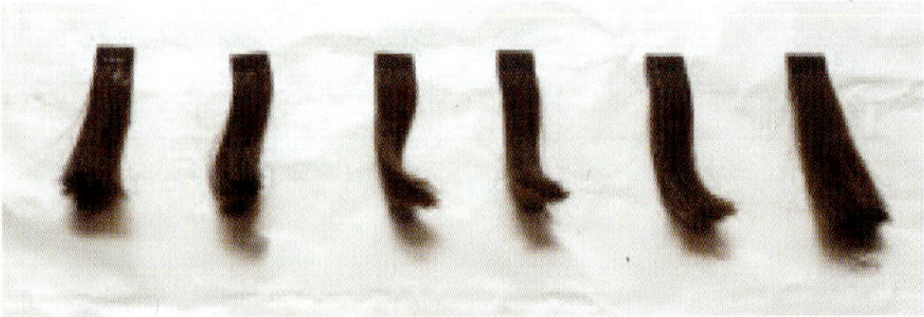

② 탈색제와 산화제를 1 : 2 ~ 3 비율로 혼합한다.

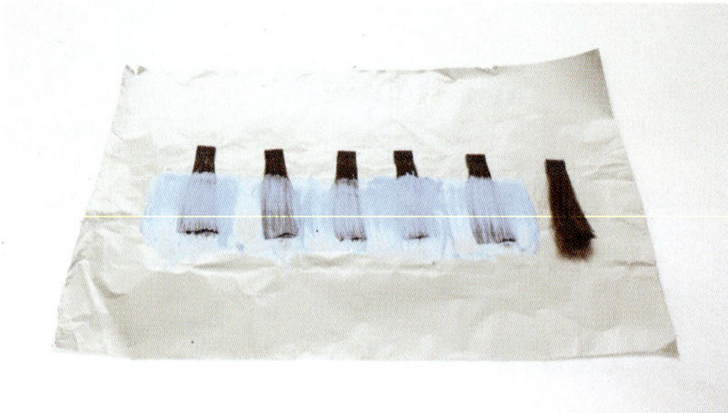

③ 스와치 매듭 부위에서 1cm 띄고 전체 도포한 후 각 자연모 레벨에 맞춰 시간을 측정하여 방치한다.
이때 각 스와치가 자연모레벨 5~10까지 각각 나올 수 있도록 반복해서 탈색해준다.
* MH1 자체가 5레벨이므로 1개는 빼고 도포한다.

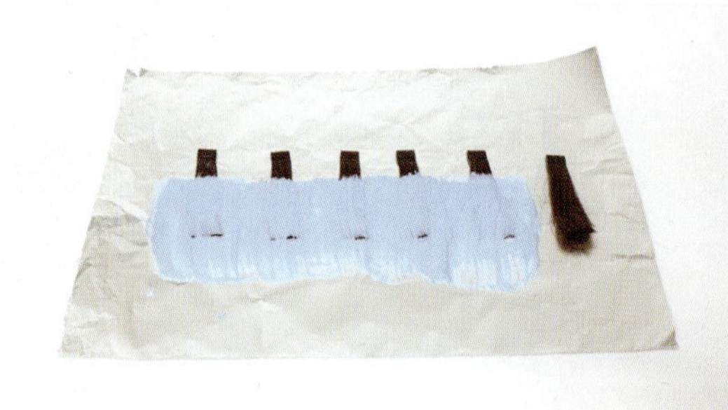

④ 탈색제를 긁어서 자연모 레벨에 도달하면 방치가 끝난 것으로 세척 후 드라이한다.
* 드라이 한 후 원하던 자연모 레벨에 도달하지 않았을 경우 재탈색 과정을 거쳐 원하는 레벨에 도달할 때까지 반복한다.

⑤ 흰색 마분지(8절지) 1장을 준비한다.

⑥ 마분지를 반으로 접는다.

⑦ 스와치를 붙여 고정해준다.

⑧ 벌어지는 부분을 유리테이프로 막아 고정해 준다.

4 완성

10	금색	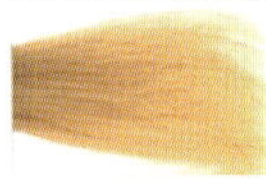
9	아주 밝은 황갈색	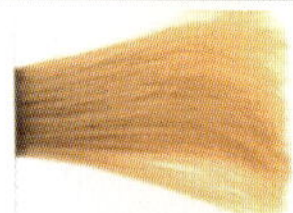
8	밝은 황갈색	
7	황갈색	
6	어두운 황갈색	
5	밝은 갈색	

7. 산화제의 퍼센트(%)에 따른 변화

1 실기 전 기초 이론

(1) 산화제의 특성

영구 염모제에서 사용되는 산화제는 탈색제에 사용되는 산화제 (과산화수소)와 동일하다.

과산화수소에서 발색되는 유리 산소는 모발 내 멜라닌 탈색과 영구 염모제의 염료를 산화중합반응을 동시에 일으킨다.

영구 염모제와 혼합되는 과산화수소의 농도에 따라 염색 시 동반되는 탈색의 효과가 다르다.

농도	유리 산소 발생 양	영구 염모제 혼합 시 모발 명도의 변화 양
3%	10 volume	모발을 거의 밝게 하지 못하거나 1레벨 밝게 해줌
6%	20 volume	모발의 밝기를 최고 2레벨 밝게 해줌
9%	30 volume	모발의 밝기를 보통 3레벨 밝게 해줌
12%	40 volume	모발의 밝기를 4 ~ 4$\frac{1}{2}$ 레벨 밝게 해줌

• 혼합비율과 달리 산화제를 많은 비율로 사용한다면?

→ 색소의 희석으로 색상이 흐릿해 보이며 유지력이 짧다.

• 혼합비율과 달리 산화제를 적은 비율로 사용한다면?

→ 탈색과 발색이 부족하다.

2 실기 준비물

염색붓, 염색볼, 포일, 전자저울, 헤어스와치, 하얀색 마분지, 탈색제, 산화제(3%, 6%, 9%), 펀치, 필기구, 파일 등

3 실기

① MH7(Dark) 스와치 3개를 준비한다.

② 각각 3개의 볼에 탈색제 5g씩을 넣고 산화제를 15g씩 넣어준다. 이때, 각각의 볼에 들어가는 산화제의 %를 달리하여 넣어준다.

③ 스와치 매듭 부위에서 1cm 띄고 전체 도포한다. 이때 스와치 1개당 각각 작업한다.

- 스와치1 – 탈색제 + 3% 산화제
- 스와치2 – 탈색제 + 6% 산화제
- 스와치3 – 탈색제 + 9% 산화제

이후 35분 방치한 후 샴푸하고 드라이한다.

④ 흰색 마분지(8절지) 1장을 준비한다.

⑤ 마분지를 반으로 접는다.

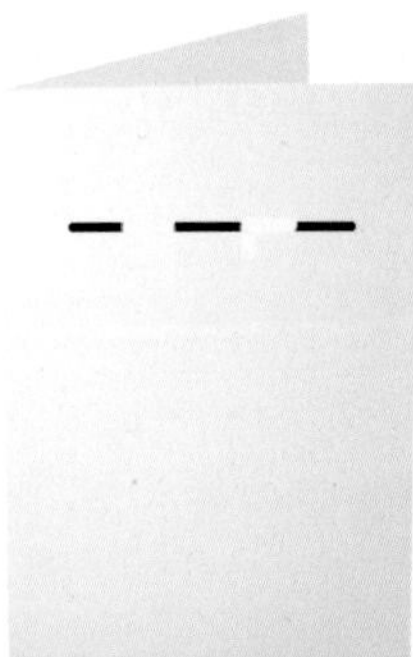

⑥ 제목 적는 부분을 놔두고 왼쪽 그림 처럼 칼집 3개를 낸다.

⑦ 스와치를 끼워주고 뒷부분에 유리테이프를 붙여 고정한다.

⑧ 벌어지는 부분을 유리테이프로 막아 고정해 준다.

4 완성

산화제 %(vol)에 따른 탈색 변화

* 과산화수소의 농도가 높을수록 밝게 탈색된다.

H_2O_2의 농도에 따른 작용

Volume	강도	작용
10 vol	3%	모발을 거의 밝게 하지 못하거나 1레벨 밝게 해줌
20 vol	6%	모발의 밝기를 최고 2레벨 밝게 해줌
30 vol	9%	모발의 밝기를 보통 3레벨 밝게 해줌
40 vol	12%	모발의 밝기를 4 ~ $4\frac{1}{2}$ 레벨 밝게 해줌

8. 산화제의 비율에 따른 변화

1 실기 전 기초 이론

(1) 산화제의 혼합 비율

- 산화 영구 염모제는 제1제와 제2제로 구성된다.
  제1제 : 염모제이며, 발색의 기능을 하고 암모니아, 염료로 구성
  제2제 : 산화제이며, 탈색의 기능을 하고 과산화수소로 구성
- 보통 염모제 + 산화제의 비율이 1 : 1,
  또는 염모제 + 산화제의 비율이 1 : 1.5의 비율로 혼합하여 사용한다.
  반드시 제조사의 사용방법을 참고하여 산화제의 정확한 비율을 저울 또는 비커를 통하여 사용하는 것이 바람직하다.
- 염모제의 혼합의 비율을 정확히 하는 것은 결과의 색상에 많은 영향을 미친다.
- 산화제의 양이 많으면 발색력이 떨어져 결과의 색상에 많은 영향을 미친다.
- 산화제의 양이 적으면 결과 색상이 탁하며 탈색력이 떨어지게 된다.
- 그러므로 정확한 산화제의 혼합사용이 결과색상을 정확하게 만드는 데 중요하다.(방치시간도 마찬가지로 중요하다. 제조사에 따라 정확한 사용을 해야 한다.)

point
- 탈색제는 산화제의 비율이 커질수록 탈색의 효과가 떨어진다.
- 염모제는 산화제의 비율이 커질수록 착색의 효과가 높아진다.

2 실기 준비물

염색붓, 염색볼, 포일, 전자저울, 헤어스와치, 하얀색 마분지, 탈색제, 산화제(6%), 펀치, 필기구, 파일 등

3 실기

① MH7(Dark) 스와치 3개를 준비한다.

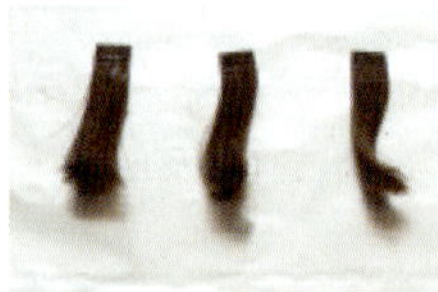

② 각각 3개의 볼에 탈색제 5g씩을 넣고 각각의 볼에 들어가는 산화제 6%의 비율을 달리하여 넣어 준다.

- 볼1 – 탈색제 5g : 산화제 5g
- 볼2 – 탈색제 3g : 산화제 9g
- 볼3 – 탈색제 2g : 산화제 12g

1 : 1

1 : 3

1 : 6

③ 스와치 매듭 부위에서 1cm 띄고 전체 도포한다. 이때 스와치 1개당 각각 작업한다.

- 스와치1 – 탈색제 1 : 산화제 1
- 스와치2 – 탈색제 1 : 산화제 3
- 스와치3 – 탈색제 1 : 산화제 6

이후 35분 방치한 후 샴푸하고 드라이한다.

④ 흰색 마분지(8절지) 1장을 준비한다.

⑤ 마분지를 반으로 접는다.

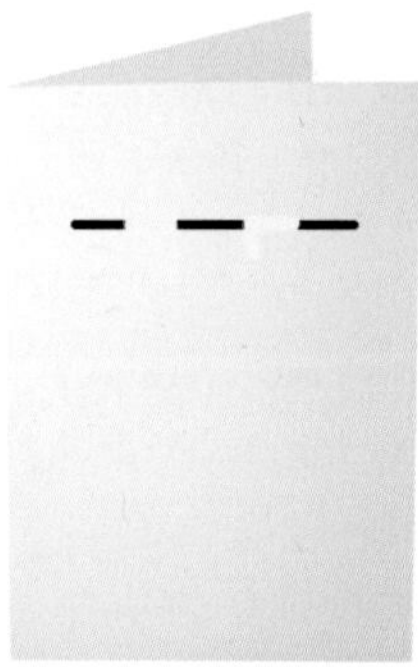

⑥ 제목 적는 부분을 놔두고 왼쪽 그림
처럼 칼집 3개를 낸다.

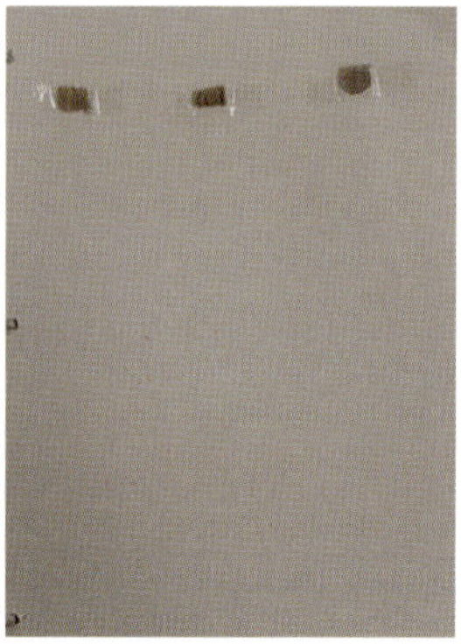

⑦ 스와치를 끼워주고 뒷부분에 유리테이프를 붙여 고정한다.

⑧ 벌어지는 부분을 유리테이프로 막아 고정해 준다.

4 완성

산화제 비율에 따른 탈색변화

* 탈색 시 산화제의 비율이 낮을수록 밝게, 높을수록 어둡게 탈색된다.

탈색제의 효능

탈색의 결과는 모피질 내의 멜라닌(Melanin)이라는 모발의 자연 색소에 의해 결정된다.

일반적으로 탈색제는 제1제인 탈색제와 제2제인 과산화수소(H_2O_2)는 현재 탈색제로서 사용되고 있는 산화제이며 농도 3%(10 vol), 6%(20 vol), 9%(30 vol) 등이 주로 사용된다.

제1제 탈색제와 제2제 과산화수소는 사용목적에 따라 1 : 1 ~ 6의 비율로 혼합하여 사용한다.

9. 탈색제의 시간에 따른 변화

1 실기 전 기초 이론

(1) 방치시간

- 방치시간은 결과의 색상에 매우 중요한 영향을 미친다.
- 제조사에서 제시하는 방치시간을 기본으로 한다.
- 방치시간이 부족하면 탈색과 발색이 떨어져 정확한 결과의 색상분만 아니라 유지력도 떨어진다.

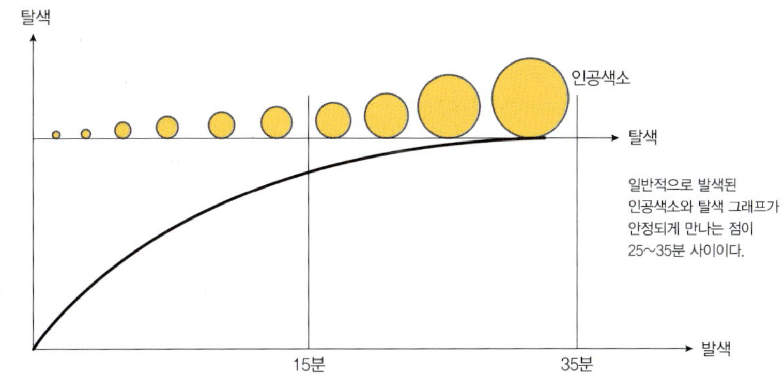

(2) 염모제의 방치시간

• 의도한 색상을 얻기 위해서는 적당한 방치시간이 필요하다. 적정한 방치시간은 염모제 제조회사마다 다르다. 대다수가 20~40분대에 해당된다.

• 방치시간이 부족할 경우 색상이 완전하게 표현되지 못하므로 색상 유지기간이 짧아지는 단점이 생긴다.

• 방치시간이 오버될 경우 산화중합 된 색상이 과도해지며 칙칙하고 탁해짐과 동시에 과도한 모발 손상이 발생된다.

시간	내용
시간이 부족할 경우 (20분 이하)	일정시간 염모제가 모발에 발색이 될 시간이 부족하여 얼룩지거나 물 빠짐 및 색 유지기간이 짧아진다.
시간이 적당할 경우 (30분 내외)	발색이 완전하게 된 상태로서 탈색과 착색의 과정이 적정한 시간 동안 이루어져 온전한 발색으로 원하는 색상을 얻을 수 있다.
시간이 오버될 경우 (40분 이상)	시간이 오버됨에 따라 염모제의 성분인 알칼리와 과산화수소가 모발에서 과도하게 작용되게 되고 이로 인해 모발의 손상이 심해지며 색상이 약하고 칙칙해질 수 있다. 다음 모발 염색 시 방해가 된다.

20~40분	20분 이하

20~40분	**30분 ±**

20~40분	**오버타임**

(3) 탈색제의 방치시간

- 의도한 탈색의 색상을 얻기 위해서는 적당한 방치시간이 필요하다. 적정한 방치시간은 탈색제 제조회사마다 다르다. 대다수가 20 ~ 40분대에 해당된다.

- 방치시간이 부족할 경우 탈색이 온전하게 이루어지지 않아 모발이 얼룩지며 탈색되게 되고 이는 다음 염색 시에 방해가 된다.

- 방치시간이 오버될 경우 탈색제 성분인 알칼리와 과산화수소가 모발에서 과도하게 작용되게 되고 이로 인해 모발의 손상이 심각해지며 심할 경우 모발이 녹거나 끊어지는 현상이 발생된다.

2 실기 준비물

3 실기

① MH7(Dark) 스와치 3개를 준비한다.

② 탈색제와 산화제를 1 : 2 ~ 3 비율로 혼합한다.

③ 스와치 매듭 부위에서 1cm 띄고 전체 도포한다. 이때 스와치 1개당 각각 방치시간을 달리하여 작업한다.

- 스와 치 1 – 방치시간 5분
- 스와 치 2 – 방치시간 30분
- 스와 치 3 – 방치시간 60분

방치 후 샴푸하고 드라이한다.

④ 흰색 마분지(8절지) 1장을 준비한다.

⑤ 마분지를 반으로 접는다.

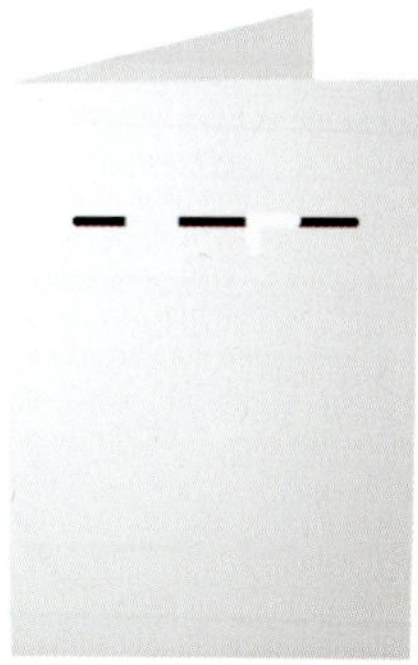

⑥ 제목 적는 부분을 놔두고 왼쪽 그림
처럼 칼집 3개를 낸다.

⑦ 스와치를 끼워주고 뒷부분에 유리테
이프를 붙여 고정한다.

⑧ 벌어지는 부분을 유리테이프로 막
아 고정해 준다.

4 완성

탈색제의 시간에 따른 변화

5분 30분 60분

10. 색상의 일치성

1 실기 전 기초 이론

(1) 색상의 일치성이란

모발을 염색할 경우 기염모의 색상과 희망색상이 일치할 경우 탈색작업 없이 염색만으로 컬러체인지가 가능한 것을 말한다.

(2) 색상의 일치성에 따른 시술방법

- 색상의 일치성 유무를 확인하기 위해서는 남아 있는 반사빛을 색도화지라고 생각하고, 그 위에 희망 색상의 매니큐어를 바를 경우, 희망하는 결과로 매니큐어의 색상이 잘 나타나는가를 살펴보면 쉽게 판단할 수 있다.
- 즉, 일치성이란 기염모의 레벨과 희망 색상의 레벨이 동일한 상황에서 기염모의 남아 있는 반사빛에 희망하는 반사빛이 겹쳐졌을 때 희망 색상이 결과로 표현되는지의 유무를 판단하는 것이다.
  - 차가운 계열 : 일치성이 없으나, 똑같은 반사빛의 색상인 경우에만 일치성이 있다.
  - 따뜻한 계열 : 일치성이 있으나, 남아있는 반사빛보다 희망하는 색이 더 강해야 일치성이 있다.

2 실기 준비물

색붓, 염색볼, 포일, 전자저울, 헤어스와치, 하얀색 마분지, 염모제(빨, 노, 파), 산화제(6%, 9%), 편치, 필기구, 파일 등

3 실기

① MH15(White) 3개를 꺼낸다.

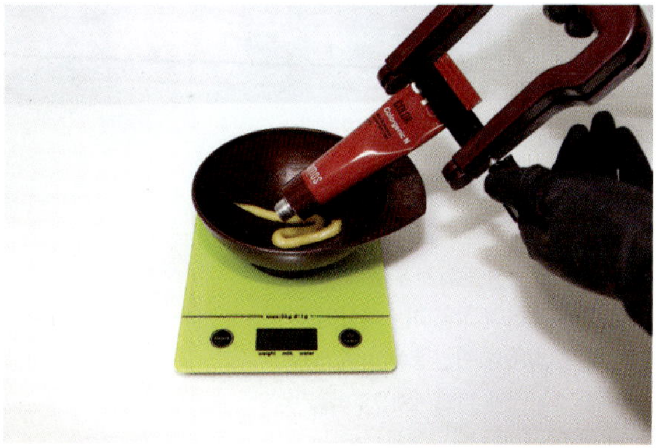

② 각각 3개의 볼에 각기 다른 컬러의 염모제 3g씩을 넣고 각각의 볼에 산화제를 6g씩 넣어 준다.

- 볼 1 – 빨강 염모제 3g
  \+ 6% 산화제 6g
- 볼 2 – 파랑 염모제 3g
  \+ 6% 산화제 6g
- 볼 3 – 노랑 염모제 3g
  \+ 6% 산화제 6g

빨강염모제 + 산화제

파랑염모제 + 산화제

노랑염모제 + 산화제

③ 일치성 실습을 위하여 바탕색 작업을 먼저한다. 스와치 매듭 부위에서 1cm 띄고 전체 도포한다. 이때 스와치 1개당 각각 염모제를 달리하여 작업한다.

- 스와 치 1 – 자주색
- 스와 치 2 – 파란색
- 스와 치 3 – 노란색

35분 방치 후 샴푸하고 드라이한다.

④ 색상이 입혀진 스와치 위에 다른 색상을 도포하여 희망하는 색상이 발현되는 일치성 확인을 위하여 드라이한 스와치에 바탕색에 1cm를 띄우고 나머지를 희망색상으로 도포한다.

- 스와 치 1 – 빨간색
- 스와 치 2 – 초록색
- 스와 치 3 – 파란색

35분 방치 후 샴푸하고 드라이한다.

⑤ 흰색 마분지(8절지) 1장을 준비한다.

⑥ 마분지를 반으로 접는다.

⑦ 제목 적는 부분을 놔두고 왼쪽 그림 처럼 칼집 3개를 낸다.

⑧ 스와치를 끼워주고 뒷부분에 유리테
이프를 붙여 고정한다.

⑨ 벌어지는 부분을 유리테이프로 막
아 고정해 준다.

4 완성

색상의 일치성

①	②	③
바탕색 자주	바탕색 파랑	바탕색 노랑
희망색 빨강	희망색 노랑	희망색 초록

두 가지 색상을 혼합할 경우 기존의 바탕색상과 보색관계 희망색 등을 고려하여 색을 혼합하여야 한다. 바탕색과 희망색의 반사빛에 따라 색의 일치성이 있는 경우 희망색이 발현되며 일치성이 없는 경우 희망색이 발현되지 않는다.

위의 결과에서 ①은 색상의 일치성이 있으므로 희망색이 발현되지만 ②③은 색상의 일치성이 없으므로 희망색이 발현되지 않는다.

11. 사전연화

1 실기 전 기초 이론

(1) 사전연화란

사전연화란 모발에 산화제를 도포하여 열처리 해줌으로써 모표피를 열어 염색이 잘되도록 팽윤·연화시켜주는 작용을 말한다. 특히 저항성모인 발수성모, 흰머리 등을 염색하고자 할 때 적용되는 사전 작업이다.

(2) 사전연화 시술방법

- 산화제 6%(20 vol) 사용 도포 → 10 ~ 15분간 열처리 → 세척(샴푸 + 린스)
- 모발을 드라이기로 열을 가하여 10 ~ 15분간 열처리 및 세척 후 시술에 들어간다.

point

사전연화 범위

- 흰머리 염색을 완벽하게 커버하고자 할 때
- 자연모 모발에서 흰머리 또는 부분적인 흰머리을 가지고 있을 때
- 원하는 색이 자연모 색보다 밝은 경우
- 저항성을 가진 발수성모일 때

2 실기 준비물

염색붓, 염색볼, 포일, 전자저울, 헤어스와치, 하얀색 마분지, 산화제(6%), 펀치, 필기구, 파일, 드라이기 등

3 실기

① MH16(Grey Mix) 스와치 2개를 준비한다.

② 염색볼에 6% 산화제 5g만 따른다.

③ 스와치 1개는 작업하지 않고 놔두고 1개만 매듭 부위에서 1cm 띄고 전체 도포한다.

④ 도포한 스와치를 10분 정도 드라이기 약한 바람으로 열처리해준 후 세척(샴푸) 후 드라이한다.

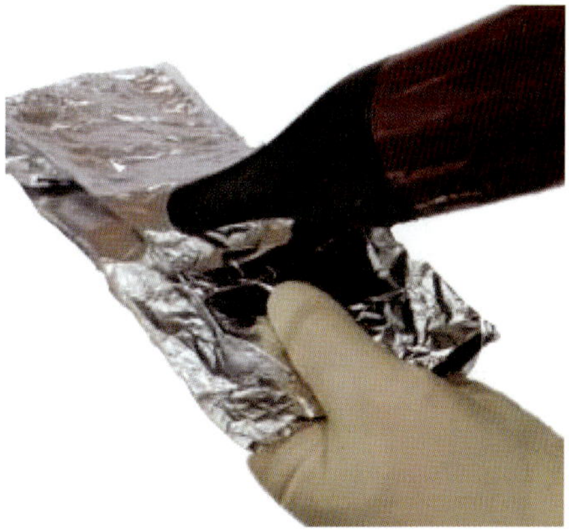

⑤ 사전연화 작업한 스와치와 작업하지 않은 스와치 2개에 염모제를 도포한다.
매듭 부위에서 2cm 띄고 전체 도포한다.
35분 방치 후 세척(샴푸)하고 드라이한다.

⑥ 흰색 마분지(8절지) 1장을 준비한다.

⑦ 마분지를 반으로 접는다.

⑧ 제목 적는 부분을 놔두고 왼쪽 그림 처럼 칼집 2개를 낸다.

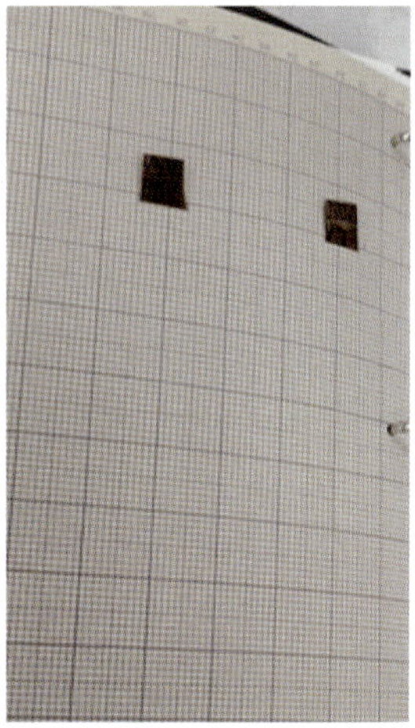

⑨ 스와치를 끼워주고 뒷부분에 유리테이프를 붙여 고정한다.

⑩ 벌어지는 부분을 유리테이프로 막아 고정해 준다.

4 완성

백모 염색 사전연화

사전연화란?

사전연화는 모발에 산화제를 도포하여 염색이 잘 되도록 큐티클을 팽윤 · 연화시켜주는 작용을 한다.

특히 저항성모/방수성모의 백모 커버력을 높이기 위해 사용하는 사전처리방법이다.

사전연화방법

산화제 6%(20 Vol) 사용도포(열처리 5 ~ 10분) → 세척(샴푸 + 컨디셔너) → 100% 수분건조 → 희망컬러(1제 + 2제) 도포 → 35 ~ 40분 방치

12. 백모 염모제의 제조

1 실기 전 기초 이론

(1) 백모 염색

백모는 멜라노사이트의 기능 저하에 의해 발생하는 색소가 없는 모발을 염색하는 것으로 일반 모발에 비해 알칼리 염모제를 흡수하지 못하고 튕겨내는 저항성을 가지고 있다. 따라서 강도와 굵기 면에서는 일반 모발과 차이점이 없지만 멋내기 염모제로는 약제의 침투가 약해 그레이 컬러 제품을 선택하여 사용하는 것이 좋으며 연화기법을 사용하여 저항성을 떨어뜨린 상태에서 컬러제품을 도포하기도 한다.

백모 염색의 도포는 백모가 많은 프론트의 페이스 라인부터 도포하여 탑과 네이프로 내려가면서 시술한다.

백모 염색은 백모의 비율이 염모제의 선정과 결과색에 영향을 미치므로 염색 전 백모의 비율을 파악해야 하는데 보통 백모 양이 30% 정도인 모발을 기준으로 제조되어 있어 백모의 양에 따른 명도 차이가 있으므로 주의해야 한다.

일반 백모 염모제의 선정

백모 30%를 기준으로 낮은 경우 희망명도보다 어둡게 표현되며 높은 경우 밝게 표현되는 특징이 있다.

백모함량	10%	30%	50%
완성명도	희망 명도보다 어둡게 표현됨	희망명도 그대로 표현	희망 명도보다 밝게 표현됨
약제선택	희망 명도보다 1레벨 밝게 선택	희망 명도 그대로 선택	희망 명도보다 1레벨 어둡게 선택

백모 염색의 패션기법

백모 염색의 패션기법은 백모의 커버와 함께 희망하는 컬러의 반사빛을 부여하는 패션어블한 컬러를 표현하는 기법으로 백모 커버와 색상 발현이 동시에 일어나야 한다.

백모함량	10%	30%	50%
멋내기 염색제와의 혼합	내추럴 레벨 염색모와 희망 반사빛 염모제를 1:9로 혼합하여 사용	내추럴 레벨 염색모와 희망 반사빛 염모제를 3:7로 혼합하여 사용	내추럴 레벨 염색모와 희망 반사빛 염모제를 5:5로 혼합하여 사용

주의사항

작업 시작 전 백모의 비율을 사전 확인한다.

테크닉

- 백모의 양과 상태를 진단한다.(백모의 패션기법에 기본 색조의 비율은 백모의 양만큼 혼합)
- 작용시간을 지키고 슬라이스의 간격이 1cm를 넘기기 않도록 하고 브러쉬의 각도를 0°로 약제가 충분히 얹히게 하여 침투력을 높인다.
- 페이스라인과 백모가 많은 부분부터 도포한다.

시술방법

백모는 저항성이 강하므로 본 염색 전 염모제 2제인 산화제를 도포하고 5-10분 방치하여 사전연화를 하면 백모 염색의 효율성이 높아진다.

- 30%(백모) - 기본색(3): 희망색(7)
- 50%(백모) - 기본색(1): 희망색(1)
- 50%이상 100%(백모)
  - 기본색 중 1제를 이용하여 애벌염색 후 10분 방치
  - 희망컬러(1제+2제) 재도포(30-40분) 방치 후 샴푸

2 실기 준비물

염색붓, 염색볼, 포일, 헤어스와치, 하얀색 마분지, 염모제(6레벨 기본색, 빨, 노, 파), 펀치, 필기구, 파일 등

3 실기

① MH16(Grey Mix, 백모 비율 70%) 스와치 3개를 준비한다.

② 염색볼에 6% 산화제 5g만 따른다.

③ 사전연화 작업을 위하여 스와치 매듭 부위에서 1cm를 띄우고 산화제를 전체 도포한다.

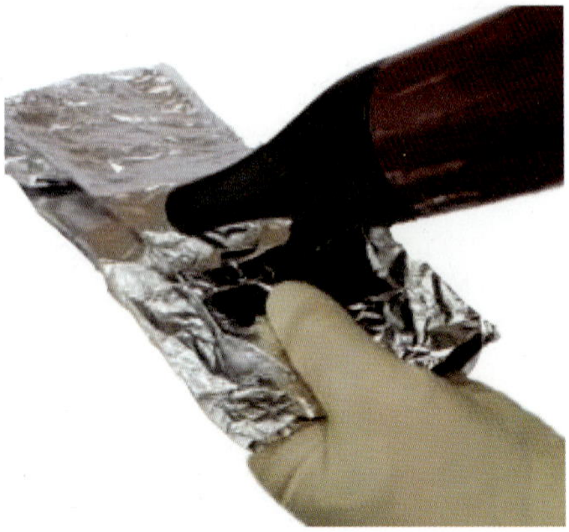

④ 도포한 스와치를 10분 정도 드라이기 약한 바람으로 열처리해준 후 세척(샴푸) 후 드라이한다.

⑤ 사전 연화 작업 한 스와치의 매듭 부분 1cm를 아래에서 염모제를 각각 도포한다.

- 스와치 1 – 기본색(1.5g)+ 빨강(3.5g)+산화제(5g)
- 스와치 2 – 기본색(3g)+노랑오렌지(3g)+산화제(6g)
- 스와치 3
  - 기본색(3g) 1제를 이용하여 애벌염색 후 10분 방치
  - 기본색(3g)+빨강오렌지(3g)+산화제(6g) 재도포(30-40분) 방치 후 샴푸

⑥ 흰색 마분지(8절지) 1장을 준비한다.

⑦ 마분지를 반으로 접는다.

⑧ 제목 적는 부분을 놔두고 왼쪽 그림
처럼 칼집 3개를 낸다.

⑨ 스와치를 끼워주고 뒷부분에 유리테
이프를 붙여 고정한다.

⑩ 벌어지는 부분을 유리테이프로 막
아 고정해 준다.

4 완성

백모 염모제의 제조(※ 70% 백모로 작업)

백모 염모제의 제조

기본색의 혼합은 백모 양만큼을 기준으로 한다.

- 30%(백모) – 기본색 30 : 희망색 70
- 50%(백모) – 기본색 50 : 희망색 50
- 70%(백모) – 기본색 70 : 희망색 30

13. 열처리 여부에 따른 탈색의 변화

1 실기 전 기초 이론

(1) 열기구의 종류

습열기구

건조한 모발에 수분(미스트)을 공급하여 수분을 채워주는 기계로 손상된 모발케어를 해주며, 모발이나 두피 클리닉 헤어 펌, 컬러링 시술 전 사전 작업 시에 많이 사용된다. 여러 가지 종류가 있는데 캡, 후드, 건 분사 방식, 등이 있다.

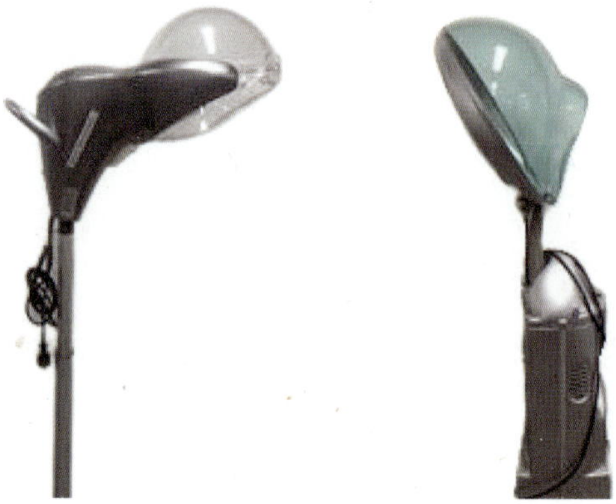

건열기구

헤어 펌이나 헤어컬러링 등 화학 제품을 사용하는 시술 시 제품을 활성화시켜 약품의 효과를 극대화해주는 것으로 세라믹 히터, CG 히터 등이 있다.

(2) 기기 사용 시 주의할 점

- 사용하지 않는 기기는 플러그를 빼고 한 쪽에 모아서 정리해 둔다.
- 자동 온도 조절기에 이상이 있는지 항상 체크한다.
- 다 사용한 기기는 전원을 끄고 충격을 가하지 않는다.
- 기기에 이상이 있을 경우 전원을 끄고 바로 수리를 한다.
- 기기가 작동할 때는 항상 주의 깊게 살핀다.
- 전기 플러그 부분이 물에 닿지 않도록 주의한다.
- 열이 들어오는 부분에 손이 닿지 않도록 한다.
- 고객의 피부에 가깝게 닿지 않도록 한다.

(3) 시술순서

건열기구

- 정리되어 있던 기기를 사용할 시술대로 가져온다.
- 코드를 연결한다.
- 전원을 키고 타이머를 설정한다.
- 알맞은 온도로 설정한다.
- 설정을 완료하고 작동시킨다.
- 기기를 멈추고 싶다면 정지 버튼을 누른다.
- 사용을 마친 기기는 전원을 끄고 플러그를 뽑아 선을 정리한다.

습열기구(미스트기)

- 기기에 내장되어 있는 물통에 물이 들어있는지 체크한다.
- 코드를 연결한다.
- 전원을 키고 타이머를 설정한다.
- 알맞은 온도로 설정한다.
- 설정을 완료하고 작동시킨다.
- 수분이 잘 나오는지 확인 후 다른 업무를 본다.
- 기기를 멈추고 싶다면 정지 버튼을 누른다.
- 사용한 기기는 전원을 끄고 플러그를 뽑아 선을 정리하여 정리한다.

2 실기 준비물

염색붓, 염색볼, 포일, 전자저울, 헤어스와치, 하얀색 마분지, 탈색제, 산화제(6%, 9%), 펀치, 필기구, 파일 등

3 실기

① MH1(Black) 스와치 3개를 준비한다.

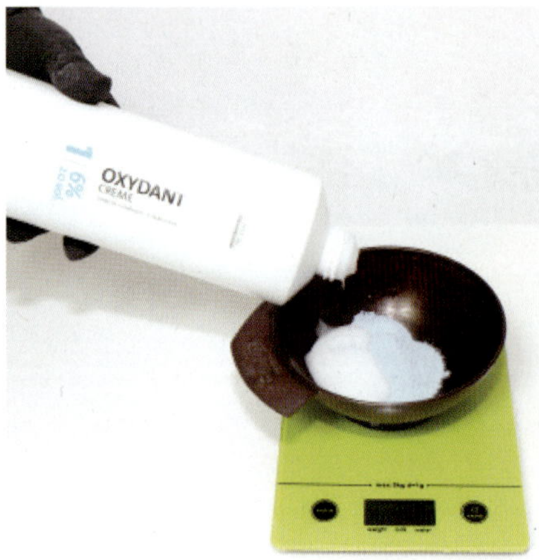

② 탈색제와 산화제를 1 : 2 ~ 3 비율로 혼합한다.

③ 스와치 매듭 부위에서 1cm 띄고 전체 도포한다.

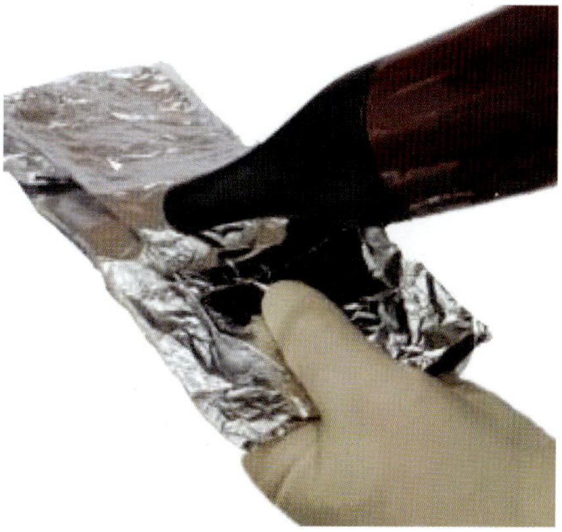

④ 도포한 스와치를 각각 드라이기 약한 바람으로 열처리 해준 후 세척(샴푸)한 후 드라이한다.

- 스와 치 1 – 열처리 안함
- 스와 치 2 – 열처리 3분
- 스와 치 3 – 열처리 10분

⑤ 흰색 마분지(8절지) 1장을 준비한다.

⑥ 마분지를 반으로 접는다.

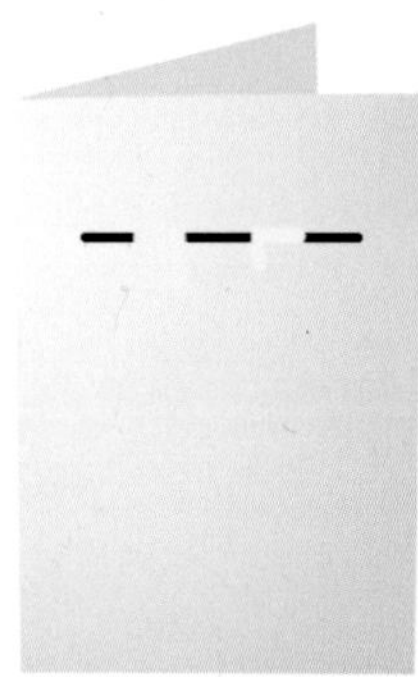

⑦ 제목 적는 부분을 놔두고 왼쪽 그림
처럼 칼집 3개를 낸다.

⑧ 스와치를 끼워주고 뒷부분에 유리테
이프를 붙여 고정한다.

⑨ 벌어지는 부분을 유리테이프로 막
아 고정해 준다.

4 완성

탈색제의 시간에 따른 변화

열처리 안함　　열처리 3분　　열처리 10분

memo

2 Chapter 디자인 헤어컬러

1. 패치 테스트

1 실기 전 기초 이론

(1) 패치 테스트(Patch Test)

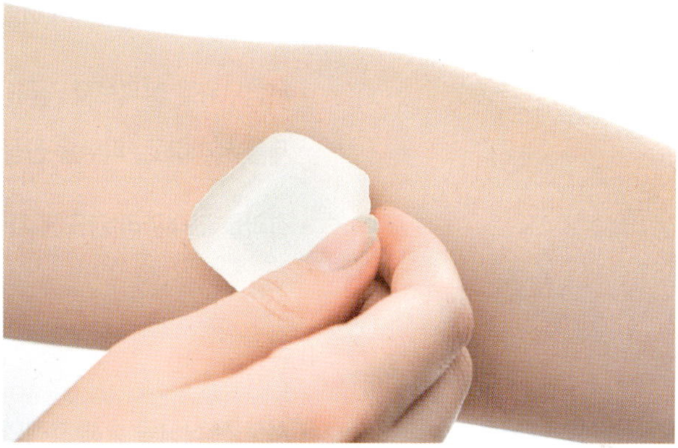

패치 테스트란 고객의 염모제 속의 파라 합성물질(Paracom-Pounds) 알레르기가 있는지 알아보는 테스트이다. 염모제 사용 24~48시간 전 알레르기 테스트를 시행하여 결과에 따라 컬러제의 사용 여부를 판단한다. 알레르기 테스트에 사용될 염모제와 모발 염색 시술에 사용될 것과 같은 제조법으로 만든 것이라야 한다. 테스트 결과 양성 반응인 화상, 두피 물집, 부스럼이 생기며 알레르기 반응으로 두피와 얼굴, 눈, 귀 목이 부어올라 호흡기 질환이 나타나는 경우도 있다.

(2) 순서

- 시험부위는 한쪽 귀 뒤에 있는 헤어라인이나 팔 안쪽을 사용한다.
- 부드러운 비누와 물로 닦은 후 세척액으로 동전 크기만큼 테스트 부위를 닦는다.
- 테스트 부위에 물기가 없도록 충분히 말린다.
- 제조사의 지시에 따라 시험 용액을 준비한다.
- 시험부위에 살균 처리된 면봉으로 시험용액을 묻혀 바른다.
- 부위에 손대지 않고 24-48시간을 기다린다.
- 시험부위를 살펴보고 가려움 등의 증상이 나타나면 즉시 염모제를 세척하고, 피부를 진정시키는 로션을 바른다.
- 결과를 고객관리 카드에 기록한다.

(3) 주의사항

- 시술 전 상담을 통해 고객의 건강상 문제 등을 고려한다.
- 화학제품은 신체에 영향을 줄 수 있으므로 주의하며 사용한다.
- 수시로 환기를 시킨다.
- 제조사의 사용 설명서를 충분 숙지한 후 사용한다.

point

- 일반적으로 고객의 모발에 시술되는 산화 염모제가 고객의 체질에 알레르기가 있는지 확인하기 위해 사용하는 방법으로서 염색 시술 48시간 전에 컬러 시술자는 반드시 패치 테스트를 해야 한다.
- 테스트 시 두피 부분의 통증(따끔거림)과 눈이 시리거나(눈의 따가움), 이마 · 목 부위가 붉게 되는 경우나 몸이 아플 때는 주저함 없이 시술을 중지하고 염모제를 제거해야 한다.

2 실기 준비물

가발, 염색붓, 염색볼, 시술용 장갑, 앞치마, 염색보, 고객가운, 타월, 염모제 1·2제, 방수용 대일밴드, 면봉

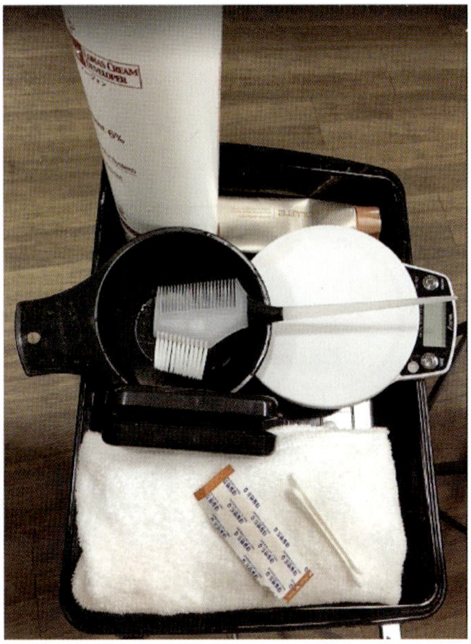

3 실기

① 선택한 염모제를 비율(대개 1제와 2제를 1 : 1)로 소량 혼합하여 약제를 만든다.

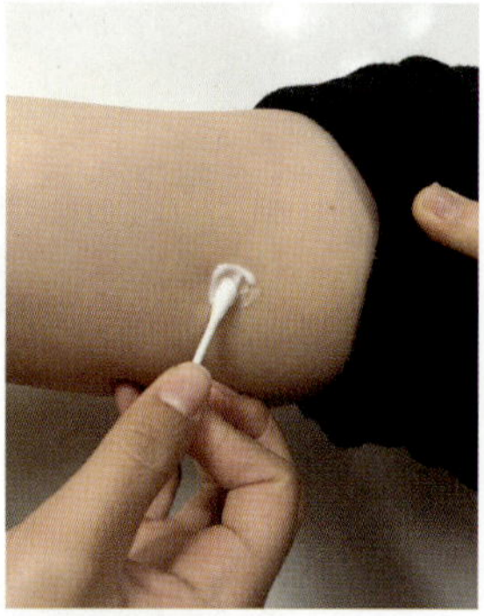

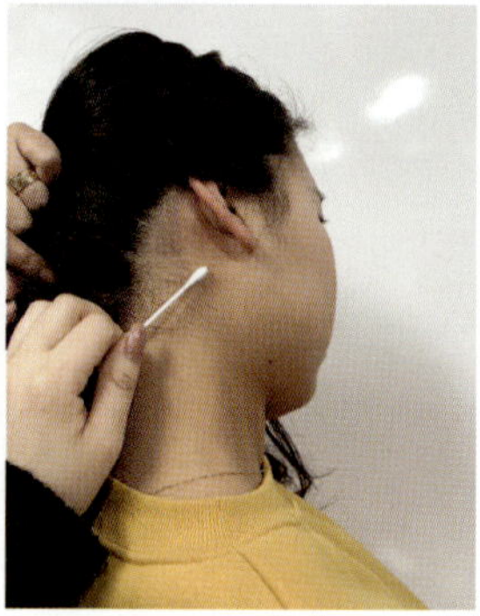

② 귀 뒤 쪽, 헤어라인이 있는 부분 또는 팔의 안쪽 등 피부 부위를 선택하여 소독한 솜으로 닦아낸다.
테스트 부위는 백원 동전 크기만큼으로 면봉을 이용하여 약제를 바른 후 대일밴드를 발라준다.

③ 24 ~ 48시간 자연 방치 후 반응을 살핀다.
테스트 후 결과를 고객 관리 카드에 기록한다.

2. 스트랜드 테스트

1 실기 전 기초 이론

(1) 스트랜드 테스트(Strand Test)

스트랜드 테스트란 고객 모발 이력을 확실하게 파악할 필요가 있을 때 네이프 또는 귀 뒤 헤어라인 쪽 부분의 모발 5mm 두께 정도를 선정하여 사용 예정의 헤어 컬러 제품을 도포 후 일정 시간 방치하여 발색 여부를 확인한다. 이 테스트는 희망 색을 파악에 매우 효과적인 방법 중 하나이다.

(2) 두피와 모발의 관찰

모발 염색 제품을 안심하고 사용해도 되는지 또는 어떤 특별한 모발 문제가 있는지를 결정짓기 위해, 조심스럽게 두피와 모발을 관찰해 본다.

관찰 결과는 다음 중 필요한 절차를 미리 예측할 수 있다.

- 재컨디셔닝(Reconditioning) 처리를 해야하는지
- 염색 제거 유무
- 금속성 염모제의 제거문제 유무
- 모발이 손상되었거나 다른 문제로 인해 시술을 연기시키는 것
- 아날린(Aniline) 유도성 염료는 다음과 같은 조건일 경우 사용하면 안됨
- 피부검사 결과 양성반응
- 두피가 자극되어 있거나 발진이 있을 경우
- 전염성 문제가 두피나 모발에 있는 경우
- 금속성 혹은 혼합성 염료를 사용했을 경우

(3) 주의사항

- 시술 전 상담을 통해 고객의 건강상 문제 등을 고려한다.
- 화학제품은 신체에 영향을 줄 수 있으므로 주의하며 사용한다.
- 수시로 환기를 시킨다.
- 제조사의 사용 설명서를 충분히 숙지한 후 사용한다.

2 실기 준비물

가발, 염색붓, 염색볼, 시술용 장갑, 앞치마, 염색보, 고객가운, 타월, 염모제 1·2제, 컬러차트, 염모제 짜개, 저울, 드라이기, 핀셋 등

3 실기

① 네이프 쪽의 모발을 1cm의 두께로 부위를 선정한다.

② 1제와 2제 혼합 비율(염모제 1 : 1 혹은 탈색제 1 : 3)에 염 · 탈색제를 맞도록 준비한다. 모발에 준비된 테스트 제품을 도포한다. 다른 모발 부분에 약제가 닿지 않도록 테스트 부분을 랩 또는 포일을 이용하여 감싸 구분한다.

③ 일정한 시간을 시술을 시행할 동일한 환경에서 방치한다.

- 방치시간 : 탈색제 – 5분에서 10분
- 염모제 : 제조사 방치시간을 준수하여 방치하고 젖은 타월을 사용하여 제품을 닦아낸다.

헤어드라이어를 사용하여 젖은 모발을 건조한다.

④ 귀 뒤 쪽 부근 헤어라인 쪽의 모발을 1cm의 두께로 부위를 선정한다.

⑤ 1제와 2제 혼합 비율(염모제 1 : 1 혹은 탈색제 1 : 3)에 염 · 탈색제를 맞도록 준비한다. 모발에 준비된 테스트 제품을 도포한다. 다른 모발 부분에 약제가 닿지 않도록 테스트 부분을 랩 또는 포일을 이용하여 감싸 구분한다.

⑥ 일정한 시간을 시술을 시행할 동일한 환경에서 방치한다.

- 방치시간 : 탈색제 – 5분에서 10분
- 염모제 : 제조사 방치시간을 준수하여 방치하고 젖은 타월을 사용하여 제품을 닦아낸다

헤어드라이어를 사용하여 젖은 모발을 건조한다.

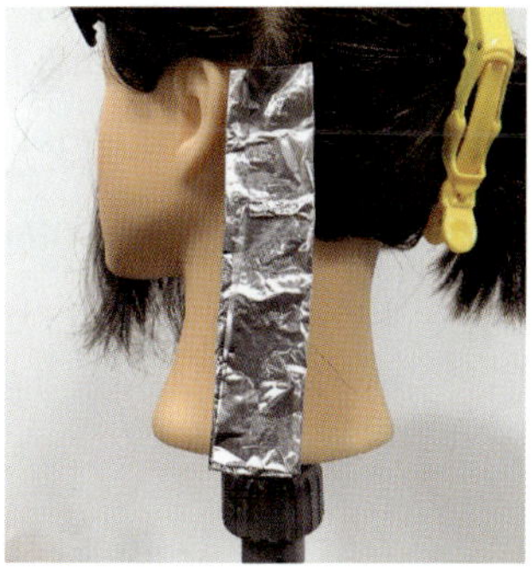

⑦ 스트랜드 테스트 결과를 확인한다.
결과 확인 시 모발 전체의 균일성과 결과색상을 확인하여 작업의 가능성이나 작업방법을 결정한다.

3. 자연모 염색 - 원 터치 테크닉

1 실기 전 기초 이론

(1) 자연모(Virgin Hair)

자연모는 처녀모라고도 하는데 화학적 시술이 이루어지지 않아 펌이나 염색을 한번도 시술한적이 없는 자연 그대로의 상태에 있는 생모발을 자연모라고 한다.

(2) 원 터치 테크닉(One Touch Technic)

- 원터치 기법은 모근에서 모발 끝까지 구역을 나누지 않고 한 번에 도포하는 테크닉을 뜻한다.
- 주로 매니큐어 등 산성 염모제를 도포할 때, 백모의 염색, 고객의 희망색이 자연모의 색보다 어둡거나(톤다운) 모발의 길이가 2cm 이하로 명도를 전체적으로 높일 경우에 많이 사용한다.

(3) 원터치 테크닉을 사용해야 할 경우

- 고객의 자연모 색보다 희망색이 어두울 때(톤다운)
- 고객의 모발 길이가 2cm이하로 짧을 때

(4) 시술 방법

희망컬러(1액 + 2액) 원터치 → 30~ 35分 방치 → 세척(샴푸 + 린스)

(5) 주의 사항

- 시술 전 상담을 통해 고객의 건강상 문제 등을 고려한다.
- 화학제품은 신체에 영향을 줄 수 있으므로 주의하며 사용한다.
- 수시로 환기를 시킨다.
- 제조사의 사용 설명서를 충분히 숙지한 후 사용한다.

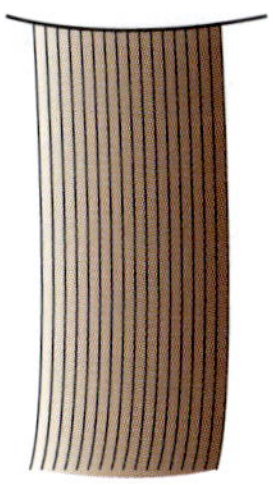

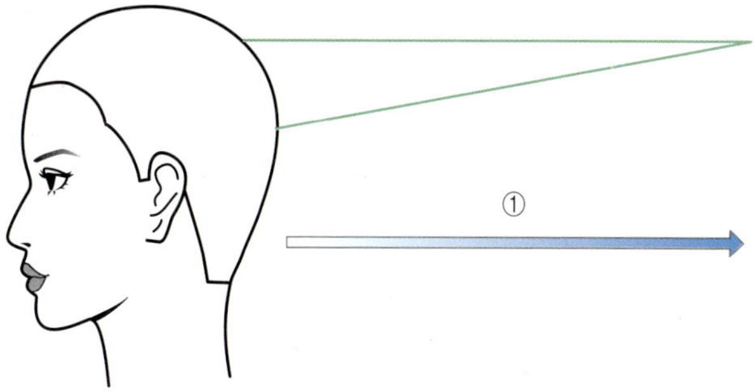

2 실기 준비물

가발, 염색붓, 염색볼, 시술용 장갑, 앞치마, 염색보, 고객가운, 타월, 염모제 1·2제, 컬러차트, 염모제 짜개, 저울, 드라이기, 핀셋 등

3 실기

① 헤어컬러 시술을 위한 시술 도구들을 준비한 후 염모제 도포를 용이하게 하기 위해 4등분 블로킹을 한다.

② 1cm 정도의 섹션을 나눈다.

③ 네이프에서부터 시작하여 탑으로 올라가며 시술하고 모근에서부터 모발 끝까지 한 번에 도포한다.
전체적으로 한번에 도포하므로 브러시의 각도를 낮추어 넓은 부위에 약제가 도포될 수 있도록 한다.

④ 마지막으로 헤어라인, 귀 뒤쪽, 목선 부분을 체크하여 염모제가 도포를 확인한다.
염모제 제조사에서 정한 도포시간(30~35분)을 방치한 후 모발의 발색을 확인 후 세척(샴푸)한다.
모발의 발색은 시술공간의 온도와 관련이 깊으므로 방치시간과 발색의 정도를 함께 고려하여 시술한다.

4 완성

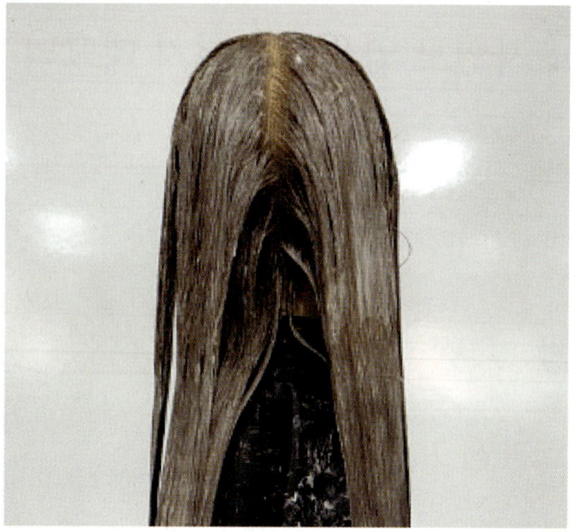

4. 자연모 염색 - 투 터치 테크닉

1 실기 전 기초 이론

(1) 투 터치 테크닉(Two Touch Technic)

모발을 두 번에 나누어 도포하여 투 터치한다는 뜻으로 두피의 열로 인해 신생부와 기염부의 색상이 차이 나는 것을 방지하기 위해 사용하는 기법이다.

전체길이 20cm 이하의 모발을 두피에서 2cm 정도의 신생부를 제외한 스트랜드에 염모제를 도포하고 일정 방치시간이 지난 후 염모제를 도포하지 않은 신생부에 도포한다. 희망색상이 자연모의 신생부 모발보다 밝을 경우에 새로 자라나온 신생부의 모발과 기존의 기염부 색상과 명도를 맞출 때와 명도와 색상 차를 둔 디자인 컬러링 등을 위해 사용한다.

(2) 시술 방법

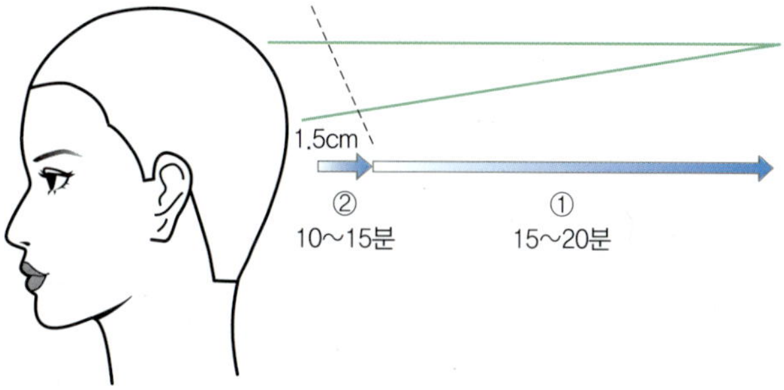

희망컬러(1액 + 2액) → ①번 부위 도포 후 15 ~ 20분 방치 → ②번 부위 도포 후 10 ~ 15분 방치 → 세척(샴푸 + 린스)

(3) 주의 사항

- 시술 전 상담을 통해 고객의 건강상 문제 등을 고려한다.
- 화학제품은 신체에 영향을 줄 수 있으므로 주의하며 사용한다.
- 수시로 환기를 시킨다.
- 제조사의 사용 설명서를 충분히 숙지한 후 사용한다.

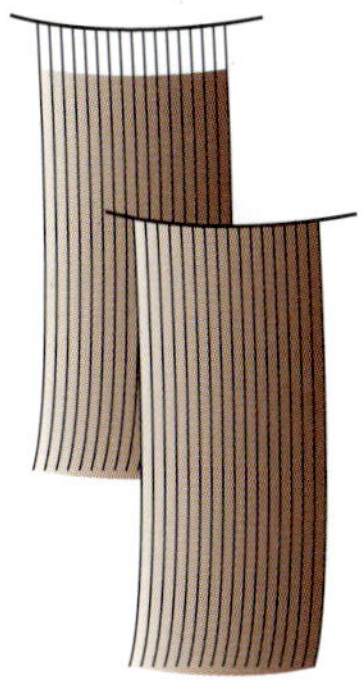

2 실기 준비물

가발, 염색붓, 염색볼, 시술용 장갑, 앞치마, 염색보, 고객가운, 타월, 염모제 1·2제, 컬러차트, 염모제 짜개, 저울, 드라이기, 핀셋 등

3 실기

① 헤어컬러 시술을 위한 시술 도구들을 준비한 후 염모제 도포를 용이하게 하기 위해 4등분 블로킹을 한다.

② 2 ~ 3cm 정도의 섹션을 나눈 후 신생부의 모발을 경우에 맞게 약 1.5 ~ 2cm 띄우고 나머지 스트랜드에 염모제를 도포한다.

③ 15 ~ 20분 방치 후 희망색의 50% 정도 발색이 되었는지 확인한다.

④ 희망색의 50%가 발색이 되었다면 신생부에 염모제를 도포한다. 염모제가 모발에 뭉치지 않게 골고루 펴주고 두피에 묻지 않도록 주의한다.

⑤ 마지막으로 헤어라인, 귀 뒤쪽, 목선 부분에 한 번 더 염모제를 도포한다.
10~15분 방치 후 모발의 발색을 확인한 뒤 세척(샴푸)한다.

4 완성

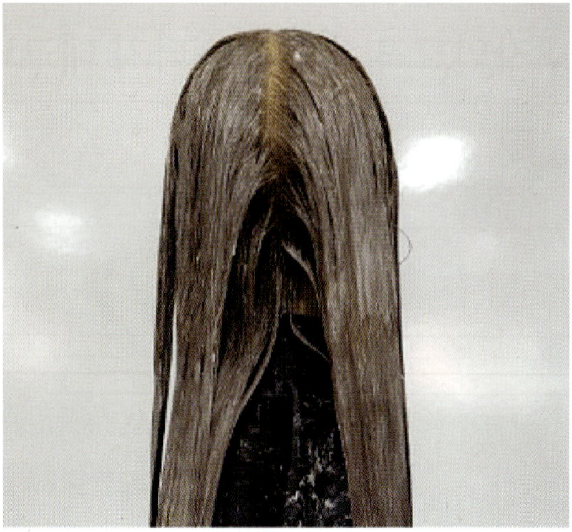

5. 자연모 염색 - 쓰리 터치 테크닉

1 실기 전 기초 이론

(1) 쓰리 터치(Tree Touch Technic)

쓰리터치는 모발을 3등분으로 신생부-기염부-모발의 끝으로 나눠서 염모제를 도포하는 기법이다. 이 기법은 20cm 이상의 긴 모발의 부위에 따른 각화의 정도가 다를 때, 기염부에 얼룩이 많이 져서 모발 색이 동일하지 않고 밝을 경우에 사용하거나 기염부와 모발 끝에 손상이 많을 경우에 사용하여 색이 균일하게 나올 수 있고 손상된 모발의 색을 오래 유지하게 하기 위하여 사용하는 기법이다. 쓰리터치 기법을 사용하면 모발 끝부분의 색이 강하게 나오는 것을 방지하고 모발 끝의 다공화로 색소가 과잉침투되고 쉽게 퇴색되는 것을 방지할 수 있다.

쓰리터치를 위하여 두피에서 20cm 이상의 모발의 끝부분에 염모제를 도포한 후 일정시간 후 두피에서 2cm를 띄워두고 염모제를 도포하고 2cm 아래의 모근부에 도포하는 방법으로 시간의 차이를 두고 발색을 보면서 시술한다.

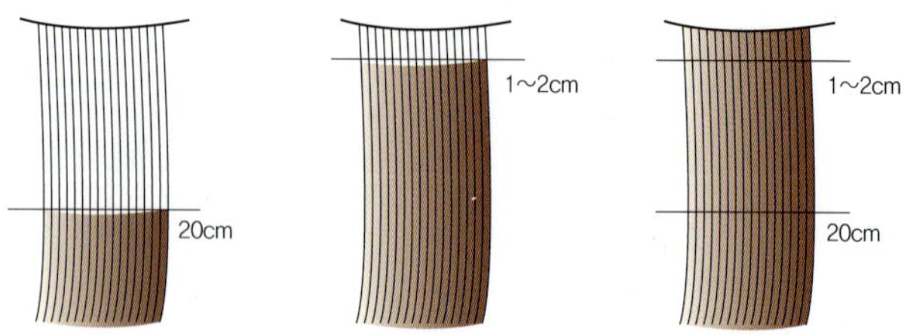

(2) 시술 방법

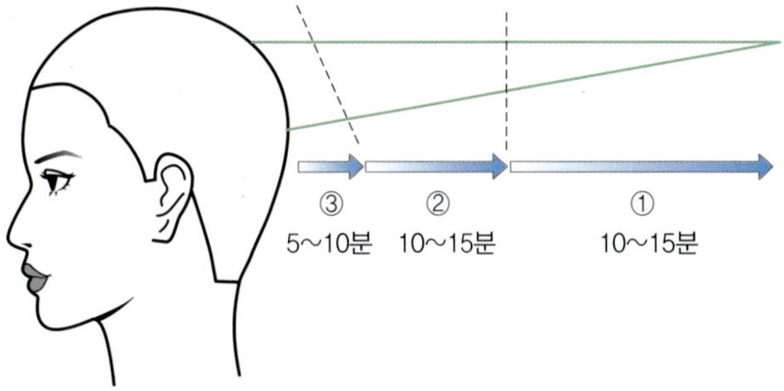

희망컬러(1액 + 2액) → ①번 부위 도포 후 10 ~ 15분 방치 → ②번 부위 도포 후 10 ~ 15분 방치 → ③번 부위 도포 후 5~ 10분 방치 → 세척(샴푸 + 린스)

(3) 주의사항

- 시술 전 고객과의 상담을 통해 염색 이력을 확인한다.
- 화학제품은 신체에 영향을 줄 수 있으므로 주의한다.
- 수시로 환기를 시킨다.
- 여러 번 도포하는 기법으로 시간을 잘 엄수하여 실습한다.

point

모발의 길이가 20cm가 넘을 때 쓰리터치를 하는 이유는?

쓰리터치를 하는 이유는 모발 전체를 균일한 색상으로 만들기 위해서이다. 모발 끝의 손상이 많아 모발이 다공화되어 있으면 염모제 속의 색소가 과잉 침투되어 쉽게 빠지고 원하는 색상이 나오지 않는다. 기염부를 한번에 터치하게 되면 모발 끝부분이 어둡게 나오거나 색이 강하게 나오는 경우가 많기 때문에 모발 끝 부분을 도포한 다음 일정시간 후 모근에서 2cm를 제외한 부분에 염모제를 도포하여 전체 모발 색상을 균일하게 만든다.

피부에 염모제가 묻었을 때 대처법

- 염색 시술 전 미리 보호크림을 발라준다.
- 염모제가 피부에 묻지 않게 주의하고 만약 묻었다면 바로 물로 닦아낸다.
- 물로 지워지지 않을 경우 젖은 수건으로 염색약이 묻은 부위에 클렌징 폼을 묻혀 3분정도 문질러준다.
- 이 외에 리무버나 소독 알코올을 사용해 문질러준다.
- 매니큐어와 같은 반영구 염모제는 영구 염모제보다 빨리 피부에 착색되므로 조심한다.

2 실기 준비물

가발, 염색붓, 염색볼, 시술용 장갑, 앞치마, 염색보, 고객가운, 타월, 염모제 1·2제, 컬러차트, 염모제 짜개, 저울, 드라이기, 핀셋 등

3 실기

① 헤어컬러 시술을 위한 시술 도구들을 준비한 후 염모제 도포를 용이하게 하기 위해 4등분 블로킹을 한다.

② 스트랜드를 잡아 3등분을 하고 모근에서부터 10cm 가량을 남겨놓고 모발 끝부터 도포한다. 자연 방치 10~15분 후 희망색의 50%가 발색 되었는지 확인한다.

③ 스트랜드의 중간 부분 도포를 위하여 모근에서부터 1.5~2cm를 남겨놓고 나머지 부분을 도포한다. 10~15분 방치 후 도포 부위가 희망색의 50% 이상 발색되었는지 확인한다.

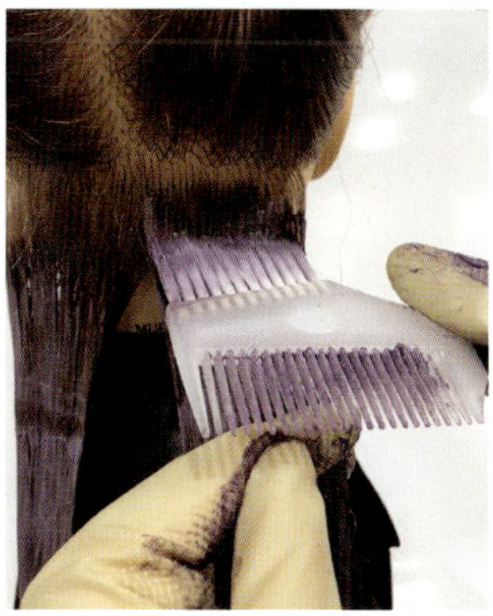

④ 마지막 모근부에 남겨놓았던 부위에 염모제를 도포하는데, 두피에 많이 묻지 않도록 주의한다.

⑤ 마지막으로 헤어라인, 귀 뒤쪽, 목선 부분에 한 번 더 염모제를 도포한다.
5~10분 방치 후 모발의 발색을 확인한 뒤 세척(샴푸)한다.

4 완성

6. 자연모 염색 - 블리치

1 실기 전 기초 이론

(1) 블리치(Bleach)

블리치(탈색)란 모발 속에 있는 멜라닌 색소를 제거하는 것을 뜻하는데 탈색제 1제와 2제의 혼합에서 발생하는 산소를 이용하여 멜라닌 색소를 산화시켜 모발이 색을 밝게 변화시키는 것이다. 탈색은 모발의 색을 밝게 한다는 의미에서 라이트닝(Lightening) 또는 디컬러라이징(Decolorizing)이라고 하며 모발의 색상을 밝게 할 때 탈색 본연의 색을 이용하기도 하지만 모발의 컬러 체인지 또는 어두운 색상의 톤 업, 모발의 색을 빼기를 원할 때에 사전 작업으로도 사용한다.

(2) 탈색의 원리

탈색은 모피질 내에 있는 멜라닌 색소를 1제인 알칼리의 탈색제와 2제인 과산화수소가 만나 발생하는 산소로 멜라닌을 산화시킨다.

(3) 탈색제의 작용기전

- 탈색제는 pH 9 ~ 10의 알칼리제로 모표피를 부풀게 하여 열리게 하며 탈색제가 모피질로 들어갈 수 있게 한다.
- 모피질 내로 침투한 과산화수소는 유리산소를 발생시키고 멜라닌 색소를 무색의 옥시멜라닌(Oxy-Melanin)으로 산화시키고 색이 없는 분자 형태로 만든다.
- 탈색이 진행되면서 모발에서 파랑색이 가장 먼저 산화되고 갈색에서 붉은색, 오렌지색, 노랑색 순으로 색상이 변화된다.

(4) 탈색제의 성분

알칼리제(Alkali)

탈색제 중 알칼리제는 암모니아(Ammonia)를 제일 많이 사용하는데 자체로는 탈색의 효과가 없으며 과산화수소와 만나 모발을 연화시키고 팽윤시킨다. 탈색제는 특유의 강한 냄새가 나는데 휘발성이 강하여 일정시간이 지나면 냄새가 줄어든다.

탈색제의 유형으로 크림형, 오일형태, 분말형이 있다. 우리나라에서는 분말형을 많이 사용하는데 분말형은 높은 명도까지 빠른 속도로 탈색할 수 있으나 탈색제가 빨리 건조되어 탈색진행에 방해가 될 수 있으며 모발손상이 크고 두피에 묻을 경우 접촉성 피부염을 유발하므로 주의가 필요하다.

산화제(Oxidizing Agent)

산화제는 점성이 있는 흰색 용액으로 과산화수소(Hydrogen Peroxide, H_2O_2)를 주로 사용하며 정제수와 모발보호 성분을 함유한다. 과산화수소는 무색, 무향으로 암모니아에 의해 분할이 가속되며 알칼리 상태에서 산소를 방출하고 물로 변한다. 과산화수소의 농도는 3~9%를 주로 사용하는데 농도에 따라 발생하는 산소의 양이 달라지며 농도가 높을수록 산소의 발생량이 많다. 과산화수소와 알칼리제가 섞이면 유리산소가 발생되고 멜라닌 색소와 결합하여 멜라닌은 색상이 없는 옥시멜라닌화된다.

(5) 과산화수소의 농도에 따른 특징

- 일본이나 우리나라는 농도인 %를 주로 사용하며 미국에서는 볼륨(Volume)으로 표기한다. 볼륨은 기체를 측정하는 단위이며 과산화수소로부터 발생되는 산소의 양을 말한다.
- 농도가 높은 산화제는 발생기 산소의 양이 많아지고 멜라닌 색소가 많이 파괴되어 탈색이 많이 된다.

농도		특징
3%	10volume	탈색력이 약함, 어두운 컬러의 착색
6%	20volume	산화염료, 탈색제와 가장 많이 사용, 백모 염색
9%	30volume	탈색작용이 우수함, 레벨이 밝은 산화염료와 혼합사용
12%	40volume	탈색작용이 강함, 색소발색력이 약하므로 착색 불가능

point

탈색제는 시술 직전 혼합한다. 탈색제 1제인 알칼리제와 2제인 과산화수소가 만나면 유리산소가 생성되는데 미리 혼합하면 모발 내에서 작용해야 할 유리산소가 모발에 닿기 전에 발생되어 멜라닌의 산화가 잘 일어나지 않는다.

(6) 탈색 시 주의사항

- 시술 전 패치테스트를 시행한다.
- 두피에 이상이 있거나 과도하게 손상된 모발에는 시행하지 않는다.
- 과산화수소를 혼합한 탈색제는 유리된 산소가 모발에 남아 있는 경우 탈색작용이 계속 일어나지만 작용시간은 보통 30분이다. 30분이 지나면 탈색의 효과가 떨어지고 모발의 손상이 많아지게 되므로 원하는 색상이 나왔는지 일정시간마다 체크하고 30분 후에도 원하는 색상에 도달하지 못하면 샴푸 후 재도포하여 시술한다.
- 탈색제는 모발뿐만 아니라 직물에도 작용하여 의류를 손상시키고 피부에 묻었을 경우 따갑거나 붉게 변할 수 있으므로 시술 시 다른 곳에 묻지 않도록 주의한다.
- 탈색 전에는 두피보호를 위해 샴푸를 하지 않는다.
- 시술 후 남은 탈색제는 종이로 닦아내고 물로 씻는다.

2 실기 준비물

가발, 염색붓, 염색볼, 시술용 장갑, 앞치마, 염색보, 고객가운, 타월, 염모제 1· 2제, 컬러차트, 염모제 짜개, 저울, 드라이기, 핀셋 등

3 실기

① 헤어컬러 시술을 위한 시술 도구들을 준비한 후 염모제 도포를 용이하게 하기 위해 4등분 블로킹을 한다.

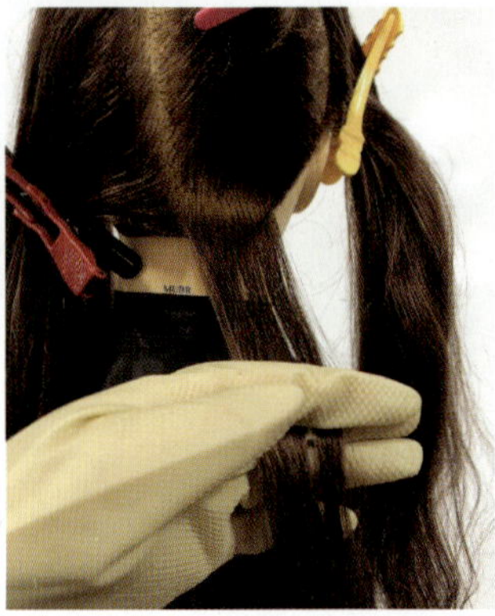

② 1 ~ 1.5cm 정도의 섹션을 나눈다.

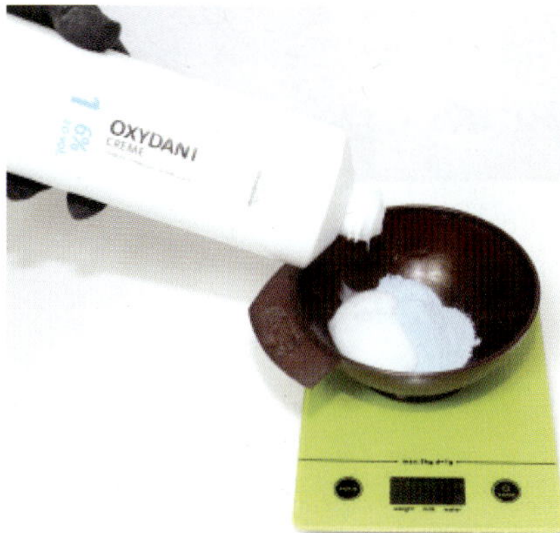

③ 탈색제와 산화제를 1 : 2 ~ 3 비율로 혼합한다.

④ 2 ~ 3cm 정도의 섹션을 나눈 후 신생부의 모발을 경우에 맞게 약 1.5 ~ 2cm 띄우고 나머지 스트랜드에 탈색제를 도포한다.

⑤ 25 ~ 30분 방치 후 희망색의 명도에 맞게 탈색이 되었는지 확인한다.

7. 백모 염색1 - 백모커버

1 실기 전 기초 이론

(1) 백모(White Hair, Gray Hair)

- 백모는 노화로 인해 멜라노사이트의 기능 저하에 의해 발생하여 멜라닌 색소가 없는 모발이다. 젊은 층에서도 스트레스로 인해 새치머리가 나기도 하며 유전, 영양부족, 스트레스, 혈행장애, 수면부족, 노화 등의 다양한 원인이 존재한다.
- 흰머리는 저항성이 강해 발색이 쉽지 않으며 멜라닌 색소가 부족한 것을 눈으로 확인이 가능하다.
- 흰머리는 일반 모발에 비하여 알칼리 염모제를 흡수하지 못하고 튕겨내는 저항성을 가지고 있다. 따라서 강도와 굵기 면에서는 검은 머리와 차이점이 없지만 일반적 멋내기 염모제로는 약제의 침투가 약해 그레이 컬러 제품을 선택하여 사용하는 것이 좋으며 백모의 염색에서 연화기법을 사용하여 저항성을 떨어뜨린 상태에서 컬러제품을 도포하기도 한다.
- 그레이 컬러 제품은 보통 흰머리 양이 30% 정도인 모발 기준으로 제조되어 있어 흰머리 양에 따른 명도 차이가 있으므로 주의해야 한다.

- 백모가 집중되어 있는 부위는 선착법[(Pre-Pigmentation)프리피그먼테이션]으로 갈색이나 희망 명도보다 1레벨 낮은 약제로 사전 도포하고 희망색을 도포하면 효과적으로 백모를 커버할 수 있다.

> point
>
> 백모커버 Key
> - 백모의 양 -기본색 믹스
> - 백모의 분포 - 백모가 많은 부분부터 도포
> - 백모의 저항성 - 충분한 양을 도포
>
> 백모커버 Tip
> - 백모가 50% 이상일 때 - 기본색을 믹스한다.
> - 희망색이 따뜻한 계열일 때 - 따뜻한 기본색(3)을 믹스한다.
> - 희망색이 차가울 때 - 내추럴 기본색을 믹스한다.

(2) 흰머리와 새치의 차이점

흰머리

옆머리에서 앞머리, 뒷머리에 주로 발생되며 노화가 원인이 되어 발색하고 주로 굵기가 가늘고 약하다.

새치

군데군데 불규칙하게 흰머리가 발생하며 유전, 스트레스로 인해 발생한다. 검은 머리와 굵기가 같다.

(3) 도포 시 주의사항

두피가 아닌 모발 위에 약제를 얹듯이 도포해야 하며 도포 전 반드시 모류의 방향을 확인하고 모류의 방향에 맞게 브러시를 굴려 준다. 흰머리는 약제를 튕겨내는 성질이 있어 모류의 방향과 다르게 수직 방향으로 도포할 시 모근 부위에 도포된 약제가 밀착되지 않아 흰머리 커버력이 떨어지는 경우가 있을 수 있다. 하지만 두피에 약제를 많이 얹게 되면 두피 자극은 물론, 두피의 약제를 제거하기 위한 에멀션 작업을 충분히 해주어야 하며, 샴푸 시간도 넉넉히 하여 염모제의 제거에 특히 유의해야 한다.

(4) 작업 시 주의사항

- 작업 시작 전 흰머리 비율 확인을 우선적으로 시행하고 흰머리 비율을 흰머리 레벨 스케일로 정확하게 체크 후 맞는 약제를 선정한다.
- 도포의 순서는 가르마와 헤어라인 부분을 가장 먼저 도포한다. 슬라이스 간격이 1cm을 넘기지 않도록 해야 하며, 염색 브러시의 각도는 두피를 기준으로 0°로 약제가 모발에 충분히 얹히게 하여 약제의 침투력을 높인다.

백모의 양에 따른 약제 선정과 결과

구분	10%	30%	50%
완성명도	희망 명도보다 어둡게 표현됨	희망 명도 그대로 표현	희망 명도보다 밝게 표현됨
약제선택	희망 명도보다 1레벨 밝게 선택	희망 명도 그대로 선택	희망 명도보다 1레벨 어둡게 선택
멋내기 염모제와의 혼합	내추럴 레벨 염모제와 희망 반사빛 염모제를 1 : 9로 혼합하여 사용	내추럴 레벨 염모제와 희망 반사빛 염모제를 3 : 7로 혼합하여 사용	내추럴 레벨 염모제와 희망 반사빛 염모제를 5 : 5로 혼합하여 사용

2 실기 준비물

가발, 염색붓, 염색볼, 시술용 장갑, 앞치마, 염색보, 고객가운, 타월, 염모제 1·2제, 컬러차트, 염모제 짜개, 저울, 드라이기, 핀셋 등

3 실기

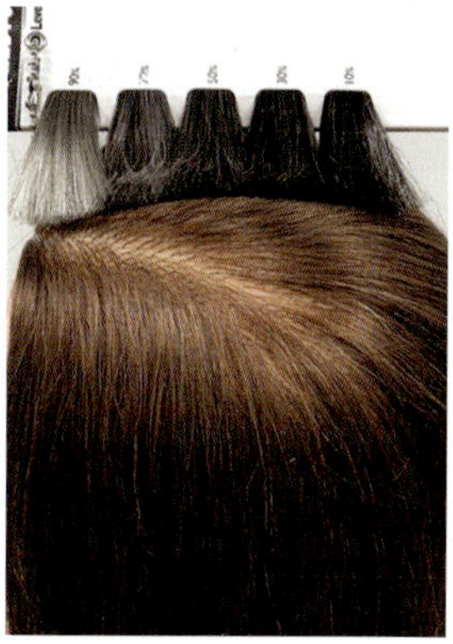

① 흰머리 비율 체크 후 약제 선정을 한다.

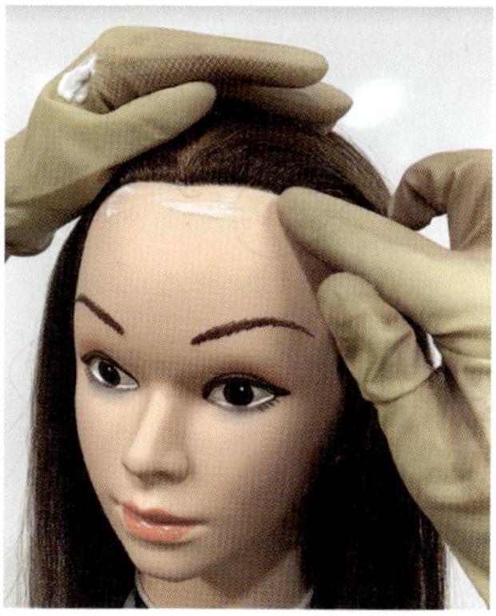

② 고객의 피부에 염모제가 착색되는 것을 방지하기 위해 보호크림을 발라준다.

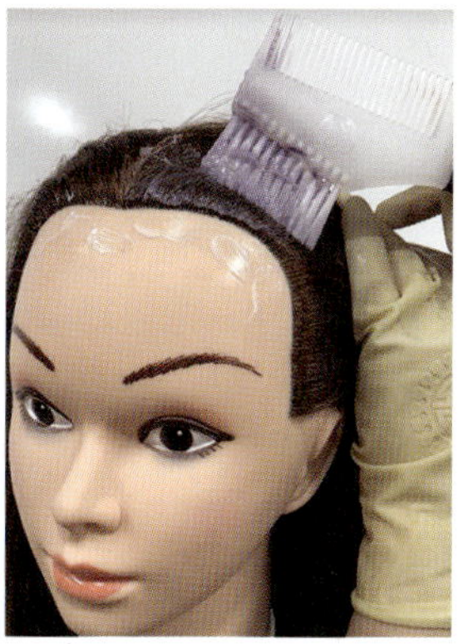

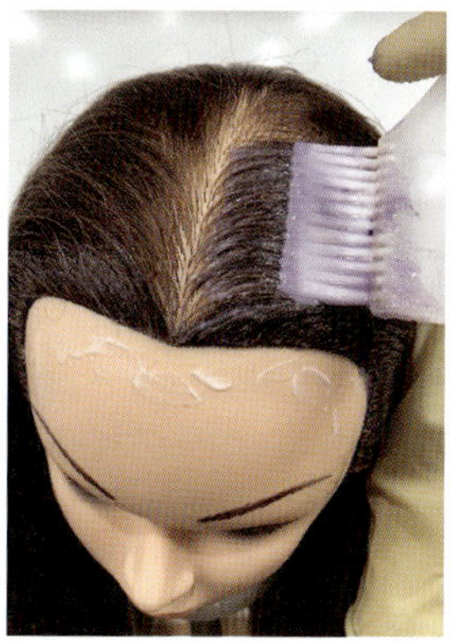

③ 모류의 방향을 확인하고 헤어 라인, 정수리 부위를 먼저 시술한다. 선택한 염모제를 도포할 때는 모발에 언듯이 도포하고 모류의 방향으로 도포하여 모근에 약제가 밀착될 수 있도록 한다.

④ 사이드 부위 쪽부터 아래쪽으로 사선 슬라이스를 떠 염모제를 도포하고 고객의 얼굴로 머리카락이 흘러내려 염모제가 얼굴에 묻는 것을 방지한다.
슬라이스 간격은 염모제의 침투력을 높이기 위해서 1cm가 넘지 않도록 하여 도포한다. 신생부와 기염부의 경계선을 1cm 이상으로 겹쳐 바르지 않는다.

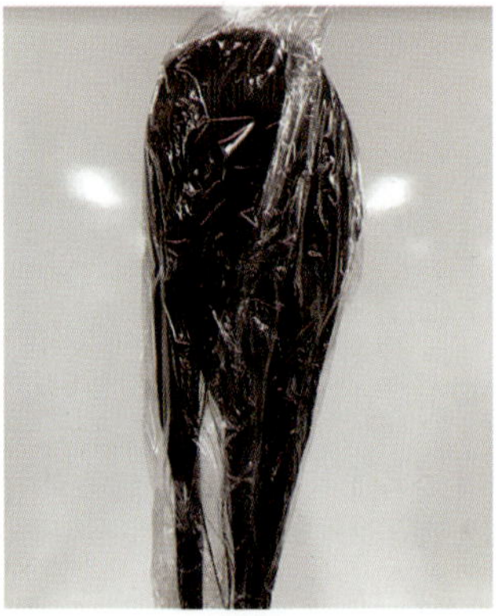

⑤ 약제가 침투력을 높이고 건조를 방지하기 위해 랩핑한 후 약 15~20분 자연 방치한다.

⑥ 랩 제거 후 브러쉬의 각도를 낮추어 기염부에 약제를 도포한다.
약 15~20분 정도 자연 방치 후에 정수리 부분, 헤어 라인 부분의 컬러를 확인하고 샴푸 후 마무리한다.

4 완성

point

남성 헤어커트와 같이 짧은 모발일 경우 모발이 모근 부위가 수직으로 서는 경우가 있으므로 모류의 방향을 확인하고 헤어 라인과 구레나룻의 경우 염모제를 모발에 얹 듯이 두껍게 도포하거나 부직포 페이퍼로 페이스라인 주변을 눌러 모근에 약제가 밀착될 수 있도록 하여야 완벽히 염모제가 침투될 수 있다.

8. 백모 염색2- 패션기법

1 실기 전 기초 이론

(1) 백모 염색의 패션기법

백모 염색은 보통 흰 모발을 어두운 모발로 바꾸어 주는 것으로 반사빛이 없는 내추럴 컬러를 쓰기도 하지만 퍼스널 컬러와 개인의 선호색을 고려한 반사빛이 있는 염모제를 백모의 비율에 따라 혼합하여 염색한다.

(2) 컬러염색과 백모 염색의 도포 방법 차이

컬러염색

- 두피 부분에 도포량이 적고, 두피에서 1 ~ 2cm 띄워 도포함
- 네이프에서부터 붓 각도를 세워서 도포 시작

백모 염색

- 두피 부분에 도포량이 많고, 두피 가까이에서 도포함
- 전두부에서부터 붓 각도를 눕혀서 도포 시작

(3) 백모의 양에 따른 기본 색상과 희망색상

패션컬러에서 희망색의 비율은 백모의 비율을 기본색상으로 잡고 나머지를 희망색으로 혼합한다.

백모의 양 (기본색, 내추럴컬러)	30%	기본색과 희망색	기본색(30%) + 희망색(70%)
	50%		기본색(50%) + 희망색(50%)
	70%		기본색(70%) + 희망색(30%)

(4) 퇴색에 따른 백모 재염색

흰머리 비율 50%, 5레벨 자연모인 고객이 6레벨의 구리빛 어두운 황갈색을 원할 경우

- 염모제의 혼합 : 5.0(50%) + 5.4(50%) + 6%

퇴색 적음

- 신생부에 혼합된 염모제 도포 후 35분 방치
- 기염부를 빗어 연결하여 5 ~ 10분 방치

퇴색 많음

- 신생부에 혼합된 염모제 도포 후 20분 방치
- 기염부에 동일하게 약제 도포 후 20분 방치

(5) 패션기법에 따른 백모염모제의 혼합 예

- 흰머리 비율 50%, 5레벨의 고객이 6레벨의 자주빛을 원할 경우
  5.0(50%) + 5.5(50%) + 산화제(6%)
- 흰머리 비율 10%, 5레벨의 고객이 7레벨의 금 구리빛을 원할 경우
  5.0(10%) + 8.43(90%) + 산화제(6%)

(6) 도포 시 주의사항

두피가 아닌 모발 위에 약제를 얹듯이 도포해야 하며 도포 전 반드시 모류의 방향을 확인하고 모류의 방향에 맞게 브러시를 굴려 준다. 흰머리는 약제를 튕겨내는 성질이 있어 모류의 방향과 다르게 수직 방향으로 도포할 시 모근 부위에 도포된 약제가 밀착되지 않아 흰머리 커버력이 떨어지는 경우가 있을 수 있다. 하지만 두피에 약제를 많이 얹게 되면 두피 자극은 물론, 두피의 약제를 제거하기 위한 에멀션 작업을 충분히 해주어야 하며, 샴푸 시간도 넉넉히 하여 제거에 특히 유의해야 한다.

(7) 작업 시 주의사항

- 작업 시작 전 흰머리 비율 확인을 우선적으로 시행한다.
- 흰머리 비율은 흰머리 레벨 스케일로 정확하게 체크 후 맞는 약제를 선정한다.
- 도포의 순서는 가르마와 헤어라인 부분을 가장 먼저 도포한다.
- 슬라이스 간격이 1cm를 넘기지 않도록 해야 하며, 염색 브러시의 각도는 두피를 기준, 0도로 약제가 모발에 충분히 얹히게 한다.
- 도포 후 랩핑하여 약제의 침투력을 높인다.

2 실기 준비물

가발, 염색붓, 염색볼, 시술용 장갑, 앞치마, 염색보, 고객가운, 타월, 염모제 1·2제, 컬러차트, 염모제 짜개, 저울, 드라이기, 핀셋 등

3 실기

① 흰머리 비율 체크 후 약제 선정을 한다.

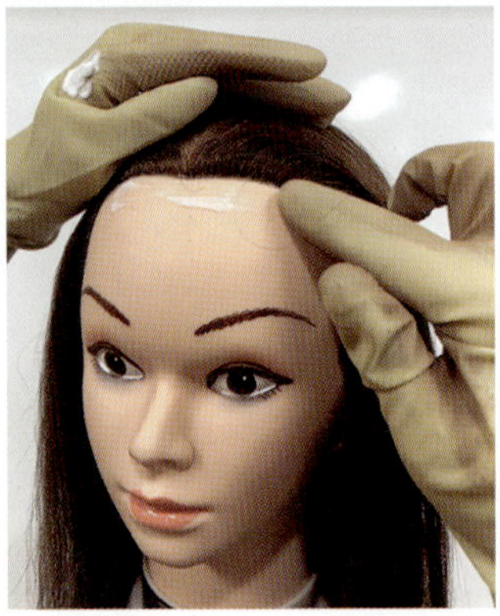

② 고객의 피부에 염모제가 착색되는 것을 방지하기 위해 보호크림을 발라준다.

③ 모류의 방향을 확인하고 헤어 라인, 정수리 부위를 먼저 시술한다. 선택한 염모제를 도포할 때는 모발에 얹듯이 도포하고 모류의 방향으로 도포하여 모근에 약제가 밀착될 수 있도록 한다.

④ 사이드 부위 쪽부터 아래쪽으로 사선 슬라이스를 떠 염모제를 도포하고 고객의 얼굴로 머리카락이 흘러내려 염모제가 얼굴에 묻는 것을 방지한다.
슬라이스 간격은 염모제의 침투력을 높이기 위해서 1cm가 넘지 않도록 하여 도포한다. 신생부와 기염부의 경계선을 1cm 이상으로 겹쳐 바르지 않는다.

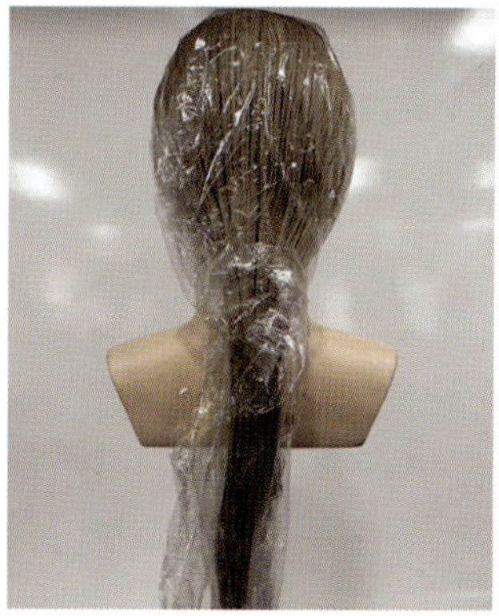

⑤ 약제가 침투력을 높이고 건조를 방지하기 위해 랩핑한 후 약 15 ~ 20분 자연 방치한다.

⑥ 랩 제거 후 약 15 ~ 20분 정도 자연 방치 후에 정수리 부분, 헤어 라인 부분의 컬러를 확인하고 샴푸 후 마무리한다.

4 완성

9. 재염색 - 레벨 다운 테크닉

1 실기 전 기초 이론

(1) 재염색(Redyeing)

재염색은 신생모와 퇴색된 기염모를 다시 염색하는 것이다. 재염색에서는 신생모의 레벨, 기염모의 색상, 희망색과 퇴색 등을 고려하여 염모제와 염색방법을 선택한다.

(2) 레벨 다운

레벨 다운은 기염모에 염색된 색상보다 어둡게 염색하는 것으로 컬러를 넣는다고 하여 컬러 인이라고도 부른다. 레벨 다운은 '몇 레벨을 다운하느냐' 또는 '기염모의 손상도가 얼마이냐'에 따라 테크닉을 선정해야 하며 단순히 컬러를 내기 위한 방법적인 접근이 아니라 모발 손상도와 컬러 유지를 고려해야 한다. 레벨 다운 테크닉에서는 기염모의 언더코트를 보충하여 컬러의 지속력을 높이는 것이 중요하다.

(3) 레벨다운 테크닉의 종류

직연연장(color retention)

기염부의 밝은 색상을 톤다운할 때 쓰는 테크닉으로 기염모와 희망색의 레벨이 1레벨 차이가 날 때 사용한다. 직연연장은 컬러의 레벨 다운과 함께 다운된 컬러의 유지와 퇴색된 모발에 색감 부여에 중요한 테크닉이다.

직연연장 방법

- 신생부에 희망색 도포
- 기염부에 남은 약제 + 온수 (10%) 도포

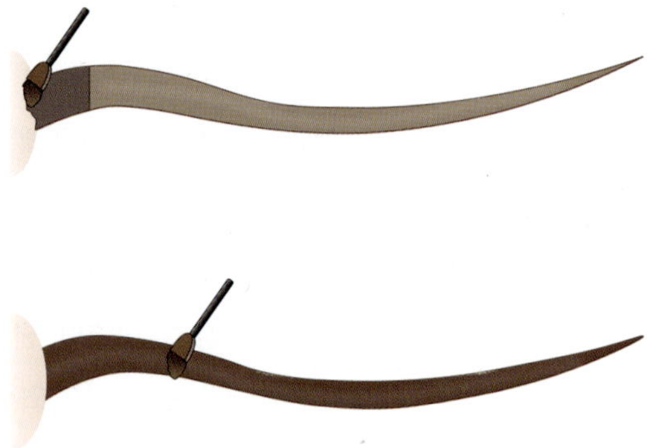

컬러매치(color mach)

희망색이 기염모보다 어두운 경우 톤다운 테크닉으로 사용하는 기법으로 기염모와 희망색의 레벨이 2레벨 차이가 나거나 1레벨 차이가 나더라도 손상이 많을 경우에는 직연연장을 쓰지 않고 컬러매치 테크닉을 쓸 수 있다.

컬러매치 방법

- 신생부에 희망색 도포
- 기염부에 남은 약제 + 필러(3-5cm)색상 + 직연연장

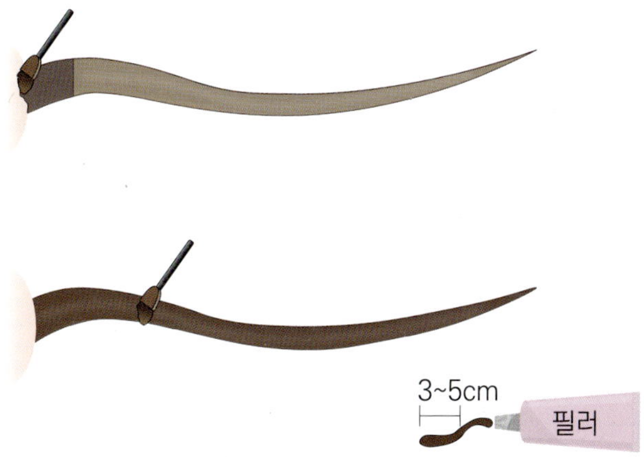

프리컬러링(pre coloring)

기염모보다 어두운 컬러의 염색을 희망하는 경우 사용하는 기법으로 기염모와 희망색이 3레벨 이상 차이가 날 경우 사용한다. 프리컬러링은 두 번의 염색을 해야 하는 번거로움이 있지만 기염모의 퇴색이 심한 경우 색소를 채워 컬러의 유지기간을 늘려준다.

프리컬러링 방법

- 기염부의 밝은 부분에 필러색상 + 산화제 도포 후 20분 정도 방치하고 샴푸 후 건조
- 신생부 도포 후 직연연장

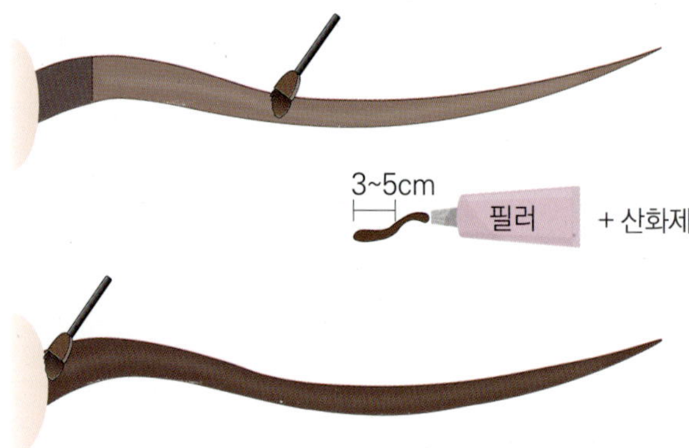

프리피그먼테이션(pre pigmentation)

톤다운 테크닉 중 기염부에 부분적으로 밝은 부위에 톤다운을 할 때 색소를 채워넣기 위한 방법이다.

프리피그먼테이션 방법

- 기염부의 밝은 부분에 필리색상 + 온수(10%)를 도포 후 20분 정도 방치
- 신생부 도포 후 직연연장

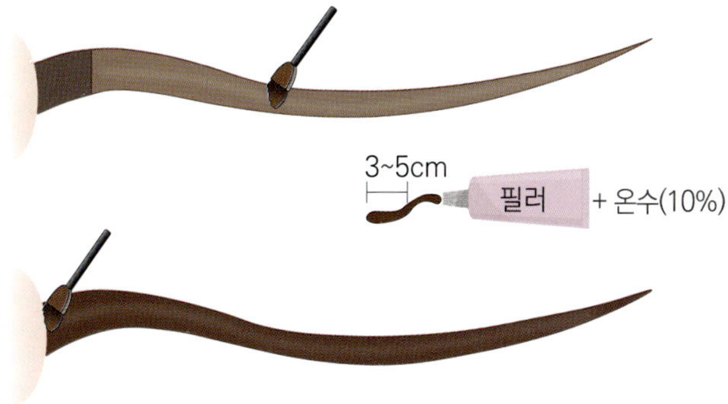

레벨 다운 범위	다운기법	방법
1	직연연장 (color retention)	신생부에 희망색 도포 기염부에 남은 약제 + 온수(10%) + 직연연장
2	컬러매치 (color mach)	신생부에 희망색 도포 기염부에 남은 약제 + 필러(3-5cm)색상+ 직연연장
3	프리컬러링 (pre coloring)	기염부의 밝은 부분에 필러 색상 + 산화제 도포 후 20-25분 방치하고 샴푸 후 건조 신생부에 희망색을 도포 후 직연연장
부분적인 톤다운	프리피그먼테이션 (pre pigmentation)	기염부의 밝은 부분에 필러색상 + 온수 도포 헹궈내지 않고 신생부에 도포 후 직연연장

필러(filler)

기염모의 레벨 다운 시 부족한 언더코트를 보충하기 위하여 염색전에 넣어주는 인공색소로 언더코트의 명도 및 색상과 흡사한 염모제 1제를 활용한다.

레벨에 따른 휠러 색상

희망레벨	언더코트	휠러색상
9	⑨ 밝은 노랑 Pale Yellow	8.3
8	⑧ 노랑 Yellow	8.3
7	⑦ 노랑 오렌지 Yellow orange	7.43
6	⑥ 오렌지 Orange	6.45
5	⑤ 붉은 오렌지 Orange red	5.5
4	④ 빨강 Red	4.56

(4) 톤다운 실습

자연모 상태에서 희망색이 자연모 색상보다 어두운 경우 모발의 길이와 명도에는 영향을 받지 않고 모근에서 모발 끝까지 원터치 기법으로 도포한다.

예 자연모 색상이 6레벨이고 희망색이 4레벨인 경우

1	염모제 혼합	희망색의 염모제 + 산화제 3% (1 : 1)
2	도포	원 터치 기법
3	프로세싱타임	고객의 모발 손상도에 따라 30 ~ 40분 자연방치 (* 열기구를 이용할 경우 자연방치 시간을 반으로 줄이도록 한다.)
4	샴푸	모발에 잔여물이 남지 않게 깨끗하게 헹구어 준다.

2 실기 준비물

가발, 염색붓, 염색볼, 시술용 장갑, 앞치마, 염색보, 고객가운, 타월, 염모제 1·2제, 컬러차트, 염모제 짜개, 저울, 드라이기, 핀셋 등

3 실기

① 헤어컬러 시술을 위한 시술 도구들을 준비한 후 염모제 도포를 용이하게 하기 위해 4등분 블로킹을 한다.

② 1 ~ 1.5cm 정도의 섹션을 나눈다.

③ 네이프에서부터 시작하여 톱으로 올라가며 시술하고 모근에서부터 모발 끝까지 한 번에 도포한다.
전체적으로 한번에 도포하므로 브러시의 각도를 낮추어 넓은 부위에 약제가 도포될 수 있도록 한다.

④ 마지막으로 헤어라인, 귀 뒤쪽, 목선 부분을 체크하여 염모제가 도포를 확인한다.
염모제 제조사에서 정한 도포시간(20 ~ 35분)을 방치한 후 모발의 발색을 확인 후 세척(샴푸)한다.
모발의 발색은 시술공간의 온도와 관련이 깊으므로 방치시간과 발색의 정도를 함께 고려하여 시술한다.

4 완성

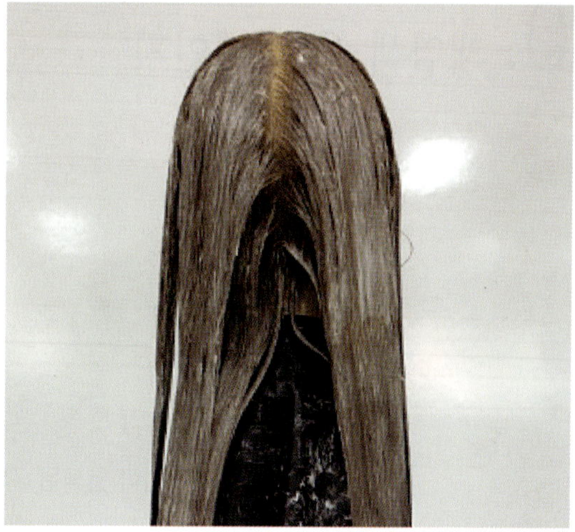

10. 재염색 - 컬러체인지

1 실기 전 기초 이론

(1) 재염색의 특징

재염색은 이미 염색된 기염모에 새로운 색상을 덧입혀 컬러를 체인지하거나 시술 후 시간이 지나 새로 자라난 신생모를 염색하는 것을 아울러 재염색이라고 한다.

염색되어 있는 기염모의 재염색 시에는 모발에 남아 있는 잔류염모의 반사빛을 파악하여 색상의 일치성과 색상이 가지는 색의 힘을 고려하여 시술해야 한다. 기염모에 남아 있는 반사빛에 희망하는 반사빛을 표현할 때는 색의 계열에 따라 희망하는 반사빛의 발현이 달라진다. 난색계열에서는 노랑, 주황, 자주, 빨강으로 반사빛의 힘이 강해지며 색의 일치성이 성립되지만 반대로 색의 힘이 강한 쪽에서 약한 쪽으로는 일치성이 성립되지 않아 사전처리 없이 희망색으로 컬러 체인지가 어렵고 차가운 계열은 서로 일치성이 없다.

(2) 컬러 체인지(Color Change)

헤어 컬러 체인지는 기염모에 염색된 색상을 다른 컬러로 바꾸는 것을 말하는데 기염부에 남아있는 잔류 색상이 희망색에 영향을 미칠 때 사용하는 기법이다.

염색에서의 컬러 체인지는 색의 혼합을 통해 원하는 색을 연출할 수 있고 색의 성질, 보색을 통해서 다양한 컬러를 나타낼 수 있다.

(3) 컬러 체인지의 염모제 선정

컬러 체인지에서 중요하게 고려되어야 할 점은 고객의 모발에 남아 있는 언더코트와 반사빛 등의 잔류 색상에 따라 염모제를 선정해야 한다는 것이다. 잔류되어 있는 컬러의 베이스가 노란빛, 주황빛, 붉은빛, 푸른빛에 따라 약제와 비율을 달리한다.

보색 중화를 활용한 컬러체인지 실습에서는 색소량이 적고 컬러감이 잘 표현되는 8레벨로 실습을 많이 하게 되는데 8레벨이 가지는 언더코트의 노란색 잔류 컬러를 고려해야 한다.

(4) 언더코트에 따른 보색 중화 및 컬러체인지

재염색에서는 모발에 남아 있는 잔류색상인 언더코트를 고려하여 약제를 선정한다.

레벨	언더코트 레벨명	레벨	중화색상명
10	아주 밝은 노랑	10	아주 밝은 보라
9	밝은 노랑	9	밝은 보라
8	노랑	8	보라
7	노랑 오렌지	7	파랑 보라
6	오렌지	6	파랑
5	붉은 오렌지	5	초록 파랑
4	빨강	4	초록
3	빨강	3	초록
2	빨강	2	초록
1	빨강	1	초록

(5) 잔류 컬러에 따른 중화

컬러 계열	잔류 컬러가 강하지 않을 때	잔류 컬러가 강할 때
붉은 계열의 모발	8레벨 내추럴브라운(50%) + 녹색(50%)	8레벨 내추럴브라운(90%) + 녹색 컬러컨트롤
주황 계열의 모발	8레벨 내추럴브라운(50%) + 파랑색(50%)	8레벨 내추럴브라운(90%) + 파랑색(90%)
노랑 계열의 모발	8레벨 내추럴브라운(50%) + 보라(50%)	8레벨 내추럴브라운(90%) + 보라 컬러컨트롤

11. 재염색 - 뿌리 염색 테크닉

1 실기 전 기초 이론

(1) 뿌리염색 테크닉(Retouching Coloring Technic)

뿌리염색은 리터치 컬러링(Retouching Coloring)이라고도 하며, 염색 시술한 지 한달 반에서 두 달 정도 후 뿌리 쪽에 모발이 자라 나옴으로써 뿌리 쪽의 모발만 다시 염색해 주는 것을 말한다.

이미 염색되어 있는 기염모의 재염색 시에는 모발에 남아 있는 잔류 염모의 반사빛을 파악하여 색상의 일치성과 색상이 가지는 색의 힘을 고려하여 시술해야 한다. 기염모에 남아 있는 반사빛에 희망하는 반사 빛이 겹쳐있을 때 희망색으로 표현되는 색상의 일치성은 난색 계열과 한색 계열의 반사빛, 차가운 계열은 서로 일치성이 없으며 난색 계열의 반사빛에서만 일치성이 있다.

구분	길이	도포 기법
기염부가 신생부보다 어두운 경우	영향을 받지 않는다.	원 터치 기법
기염부가 신생부보다 밝은 경우	2cm 이하	원 터치 기법
	2cm 이상	투 터치 기법

(2) 주의사항

- 시술 전 상담을 통해 고객의 건강상 문제 등을 고려한다.
- 화학제품은 신체에 영향을 줄 수 있으므로 주의하며 사용한다.
- 수시로 환기를 시킨다.
- 제조사의 사용 설명서를 충분히 숙지한 후 사용한다.

2 실기 준비물

가발, 염색붓, 염색볼, 시술용 장갑, 앞치마, 염색보, 고객가운, 타월, 염모제 1·2제, 컬러차트, 염모제 짜개, 저울, 드라이기, 핀셋 등

3 실기

(1) 신생부가 2cm 이하인 경우

① 희망색의 염모제와 산화제를 혼합한다.

② 헤어컬러 시술을 위한 시술 도구들을 준비한 후 염모제 도포를 용이하게 하기 위해 4등분 블로킹을 한다.

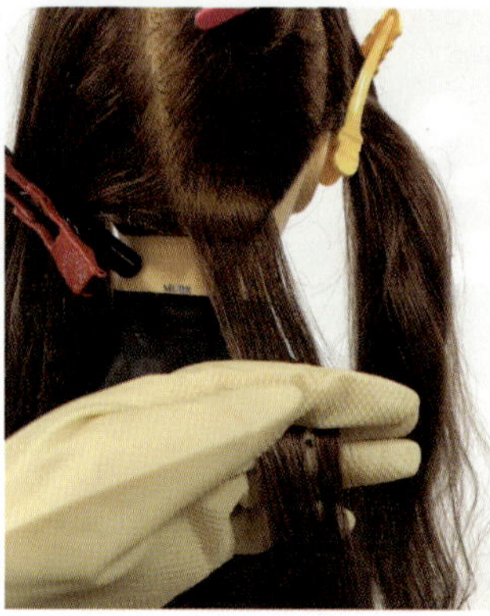

③ 1 ~ 1.5cm 정도의 섹션을 나눈다.

④ 신생부에 염모제를 도포한다.

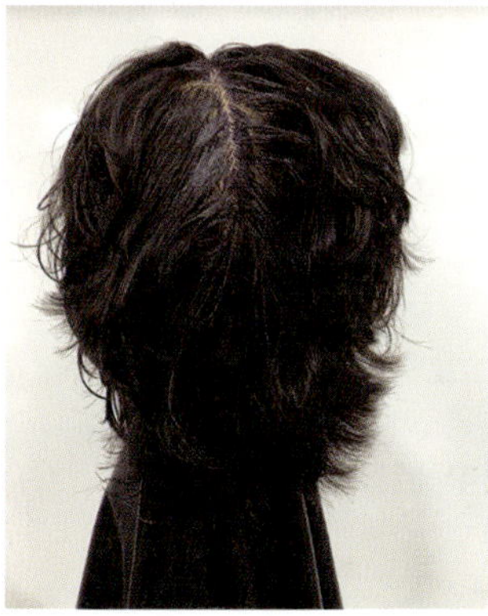

⑤ 약 15 ~ 20분가량 자연 방치한다.

⑥ 빗질로 기염부와 연결한 뒤 약 5 ~ 10분간 자연 방치 후 세척(샴푸) 한다.

(2) 신생부가 2cm 이상인 경우

① 희망색의 염모제와 산화제 혼합한다.

② 헤어컬러 시술을 위한 시술 도구들을 준비한 후 염모제 도포를 용이하게 하기 위해 4등분 블로킹을 한다.

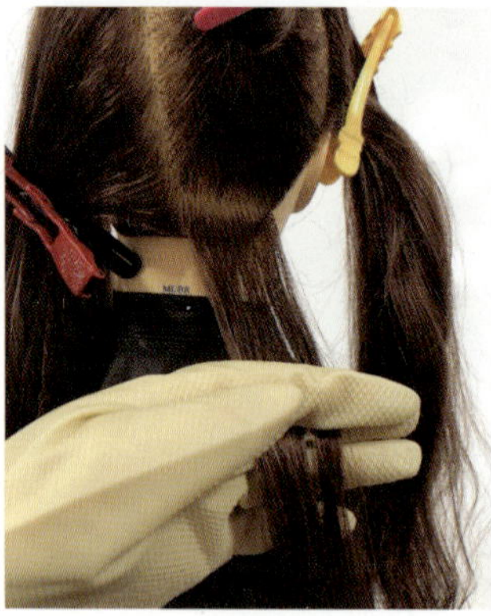

③ 1 ~ 1.5cm 정도의 섹션을 나눈다.

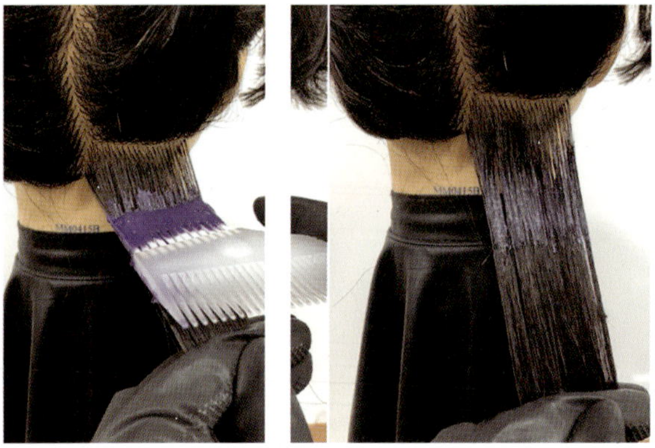

④ 모근에서 2cm를 띄우고 신생부에
도포한다.

⑤ 약 15 ~ 20분가량 자연 방치한다.

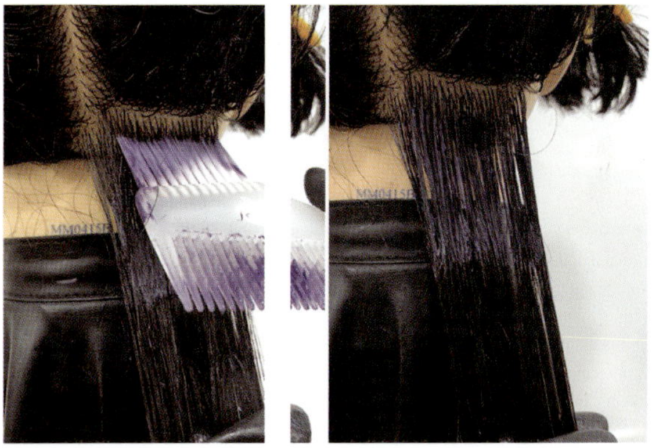

⑥ 염모제가 도포되어 있지 않은 모근
쪽 신생부에 도포한다.

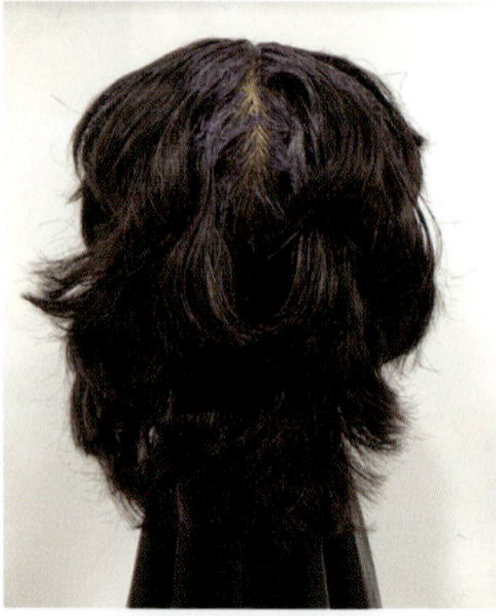

⑦ 약 10 ~ 15분가량 자연 방치한다.

⑧ 빗질로 기염부와 연결한 뒤 세척(샴푸)한다.

12. 재염색 - 클렌징(샴푸 블리치)

1 실기 전 기초 이론

(1) 클렌징 Cleansing(샴푸 블리치, Shampoo Bleach)

딥클렌징은 본격적인 염색을 시작하기 전 톤 다운된 모발의 색상을 어느 정도 밝게 빼내는 과정을 말한다. 이는 원하는 희망 색상이 기존 모발색보다 밝을 때 기염모의 레벨 업을 원하는 경우와 색상의 발색력을 높이고 싶을 때, 얼룩 없이 균일한 톤을 만들고 싶을 때 사용한다.

(2) 시술목적

- 톤다운 염색의 레벨을 올리고 싶거나 희망색이 밝은 경우 모발을 밝게 빼내고자 할 때
- 기염모의 색상과 희망색이 큰 차이가 날 때 색상 전환을 위한 준비
- 염색으로 인해 모발에 얼룩이 생긴 경우 딥클렌징을 통해 얼룩을 제거하여 균일한 톤 완성(3) 제조방법

(3) 제조방법

탈색제 : 산화제 : 샴푸 : 온수 = 1 : 1 : 1 : 1

탈색제 10g	+	산화제 10ml	+	샴푸 10ml	+	온수 10ml

point

- 샴푸 : 마사지 시 샴푸제의 거품으로 통해 탈색제의 마찰에 의한 손상을 줄이고 점성을 부여하여 클린징제가 흘러내리는 것을 방지한다.
- 온수 : 탈염효과를 올리기 위해서 뜨거운 물을 사용한다.
- 클렌징 시 포함된 탈색제로 인하여 시술하는 시간을 20분 이상 넘길 경우 모발이 탈색될 가능성 있기 때문에 시술 시간을 주의해야 한다.

(4) 시술방법

- 탈색제 + 산화제 20v(6%) + 온수 + 샴푸(1 : 1 : 1 : 1) 혼합한다.
- 기염모 도포 : 섹션은 얇게 도포량은 충분히 빠르게 도포한다.
- 공기의 투입이 잘 되도록 5 ~ 20분까지 부드럽게 마사지한다.
- 샴푸 : 두피에 자극을 주지 않도록 주의하여 탈색제의 잔여물이 남지 않도록 깨끗하게 샴푸한다.
- 희망 색상 도포는 직연연장 도포한다.
- 샴푸는 마사지 시 거품제로 인하여 마찰에 의한 손상을 줄이기 위해 사용되며, 클렌징 시 포함된 탈색제로 인하여 시술하는 시간을 20분 이상 넘길 경우 모발이 탈색될 가능성이 있기 때문에 시술 시간을 주의해야 한다.

2 실기 준비물

가발, 염색붓, 염색볼, 시술용 장갑, 앞치마, 염색보, 고객가운, 타월, 염모제 1·2제, 컬러차트, 염모제 짜개, 저울, 드라이기, 핀셋 등

3 실기

① 헤어컬러 시술을 위한 시술 도구들을 준비한 후 염모제 도포를 용이하게 하기 위해 4등분 블로킹을 한다.

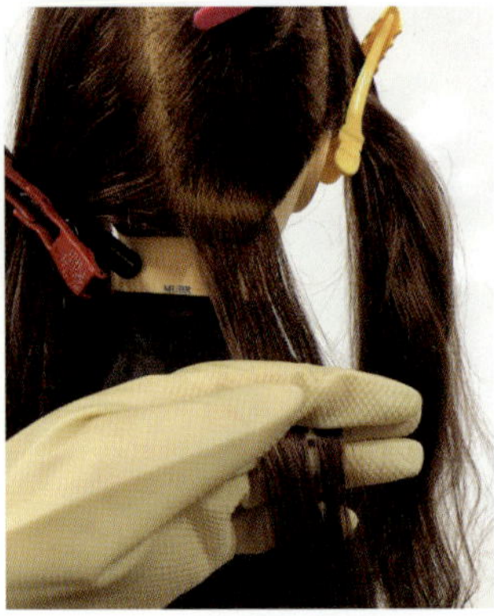

② 1 ~ 1.5cm 정도의 섹션을 나눈다.

③ 탈색제와 산화제, 온수, 샴푸를 1 : 1 : 1 : 1의 비율로 혼합한다.

④ 2 ~ 3cm 정도의 섹션을 나눈 후 신생부의 모발을 경우에 맞게 약 1.5 ~ 2cm 띄우고 나머지 스트랜드에 탈색제를 도포한다.

⑤ 전체 도포 후 손으로 핸들링하여 하얗게 일어날 정도로 20분가량 마사지한다.

⑥ 마사지가 끝나면 세척(샴푸)한다.

13. 재염색 - 딥클렌징(프리 블리치)

1 실기 전 기초 이론

(1) 딥클렌징(Deep Cleansing)

딥클렌징은 본격적인 염색을 시작하기 전 톤 다운된 모발의 색상을 어느 정도 밝게 빼내는 과정을 말한다. 이는 원하는 희망색상이 기존 모발색보다 밝을 때 기염모의 레벨 업을 원하는 경우와 색상의 발색력을 높이고 싶을 때, 얼룩 없이 균일한 톤을 말들고 싶을 때 사용한다.

(2) 시술목적

- 톤다운 염색의 레벨을 올리고 싶거나 희망색이 밝은 경우 모발을 밝게 빼내고자 할 때
- 기염모의 색상과 희망색이 큰 차이가 날 때 색상 전환을 위한 준비
- 염색으로 인해 모발에 얼룩이 생긴 경우 딥클렌징을 통해 얼룩을 제거하여 균일한 톤 완성

(3) 제조방법

탈색제 : 산화제 = 1 : 3

탈색제 10g	+	산화제 6% 30ml

(4) 시술방법

- 클렌징 기법을 이용하여 얼룩질 수 있는 부분을 미리 파악하고 반사빛을 제거하여 준다.
- 클렌징 시술이 끝나면 딥클렌징을 위하여 탈색제와 산화제를 1:3 비율로 혼합하여 두피에서 1-2cm 정도 띄운 후 탈색제를 도포한다.
- 희망색의 명도까지 올라올 때까지 약 5 ~ 30분간 마사지한다.
- 신생모 부분의 레벨업이 필요한 경우 마지막에 신생부에도 도포하여 전체의 명도를 맞춘다.
- 깨끗이 세척한다.
- 희망색과 산화제 6%, 온수 10%를 섞어 직연연장 기법으로 도포하여 준다.
- 약 20 ~ 30분간 자연방치한다.
- 유화과정을 거친 후 샴푸를 한다.

2 실기 준비물

가발, 염색붓, 염색볼, 시술용 장갑, 앞치마, 염색보, 고객가운, 타월, 염모제 1·2제, 컬러차트, 염모제 짜개, 저울, 드라이기, 핀셋 등

3 실기

① 클렌징이 끝난 모발을 드라이하여
바짝 말린 후 4등분한다.

② 1 ~ 1.5cm 정도의 섹션을 나눈다.

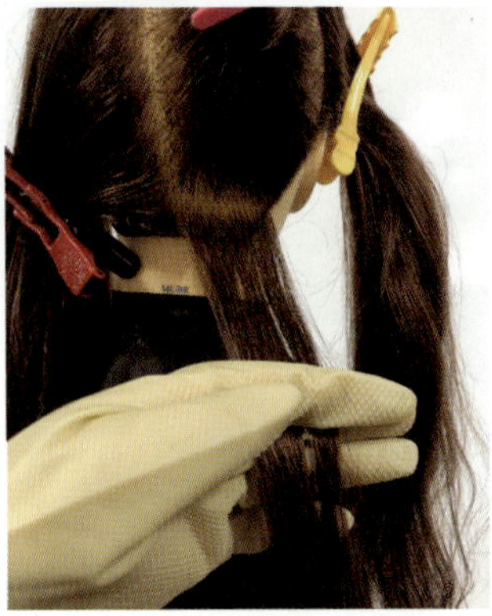

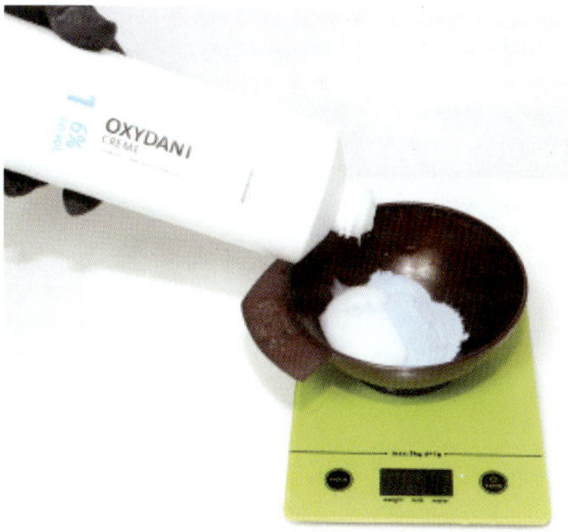

③ 탈색제와 산화제를 1 : 3의 비율로 혼합한다.

④ 2 ~ 3cm 정도의 섹션을 나눈 후 신생부의 모발을 경우에 맞게 약 1.5 ~ 2cm 띄우고 나머지 스트랜드에 탈색제를 도포한다.

⑤ 전체 도포 후 35분간 방치한 뒤 세척해준다.

14. 재염색 - 연연장(토닝)

1 실기 전 기초 이론

(1) 연연장기법(연연장 방법)

연연장 기법은 재염색 시 기염모와 신생모 사이의 색상 겹침으로 인한 색의 탁함을 방지하고 기염모 부분과 신생모 부분의 염색 후 결과를 동일하게 만들어 주기 위해 사용하는 것을 말한다.

자라난 모발인 신생모의 염색 작업 후 기염모와의 경계를 자연스럽게 하고 퇴색이 일어난 기염부에 색감을 부여하여 동일한 색감 표현을 하기 위해서는 기염부에 염모제 재도포를 해야 하지만 이미 명도가 밝아져있는 기염부에 염모제를 도포하면 모발의 과탈색과 모발손상의 위험이 있다. 이를 방지하기 위해서는 신생모 도포 후 남은 염모제에 온수를 혼합하여 염모제의 작용 기전을 떨어뜨린 후 기염모에 연장하여 도포하고 프로세싱 타임을 조정하는 방법으로, 기염부의 퇴색 정도에 따른 작용 시간에 변화를 준다.

(2) 연연장 기법의 특징

직연연장

기염부의 도포 방법으로 손상을 최소화하고 신생모와 기염모의 결과색상을 정확히 연결하는 방법이다. 모발이 퇴색이 아주 많이 되어서 신생모에 염모제를 바르고 바로 이어서 기염모에 색을 보충하여 도포하는 기법으로 모발 클렌징, 딥 클렌징을 한 후에는 반드시 직연연장 기법을 사용하도록 한다. 신생모에 염색을 도포한 후 남은 염모제와 온수를 섞어서 기염모에 바른다.
예를 들어 두 달 전에 6.1로 염색을 하였으나 두 달 전에 한 기염모 부분이 퇴색이 되어 색이 많이 빠졌을 경우 염모제를 제조할 때에 6.1 염모제에 산화제를 혼합한 후 신생부에 바르고 바로 이어서 남은 약제에 10~15cc 정도의 온수를 혼합하여 기염모 부분에 도포하는 기법이다.

중연연장

기염부에 퇴색이 많이 되지 않았을 경우 사용하는 기법으로 신생모 부분에 염모제를 도포한 후 15~20분 지나고 기염부에 염모제를 도포하는 기법이다.

종연연장기법

기염부의 색변화가 거의 없으며 퇴색이 일어나지 않아 선명한 발색과 윤기를 원할 경우에 적용한다. 신상모에 염모제를 도포한 후 모발 상태에 따라 약 25~30분 정도 지난 시점에서 기염부에 색소를 보충하는 방법이다.

(3) 제조방법

구분	기염모 퇴색정도	기염모 도포시기	방치시간
직연연장	퇴색이 많다	신생모 도포 직후 도포	자연방치 30 ~ 35분
중연연장	중간 정도 퇴색	신생모 도포 15~20분 후	자연방치 20 ~ 15분
종연연장	퇴색이 거의 없음	신생모 도포 30분	자연방치 5분

point

연장 시술 시에는 신생모의 명도는 밝게 할 필요가 있지만, 기염모는 이미 명도가 밝아진 상태이므로 불필요한 탈색이 진행되지 않게 하고, 모발의 손상을 최소화하기 위해 신생모에 도포한 남은 염모제를 온수와 혼합하여 시술한다.

(4) 연연장의 종류에 따른 시술 방법

신생모 도포 후 남은 염모제(60 ~ 70cc) + 온수(15cc)를 혼합 기염모 부분에 도포하는 방법 (염모제가 많이 남지 않았을 때에는 온수 5cc)

> **point**
>
> 온수의 효과
>
> • 알칼리의 작용을 억제
>
> • 암모니아를 날려주므로 탈색의 힘을 떨어뜨림
>
> • 과산화를 막음
>
> • 손상도를 줄여줌

직연연장 : 퇴색이 많을 때

• 신생모(1번) : 희망 색상 + 산화제20v(6%) - 신생모 도포

• 기염모(2번) : 남은 염모제 + 온수(10 ~ 15cc) - 기염모 도포

• 방치 시간 : 자연 방치 30 ~ 35분

세척 방법

총 프로세싱 타임 35 ~ 40분을 보고, 약 5분정도 동안 에멀션을 해준 후 깨끗하게 염모제를 씻어내고 색소에 영향을 주지 않고 컬러의 유지력을 높여주는 염색용 샴푸를 사용하여 열려 있던 모표피를 닫아준다.

중연연장(반연연장) **: 퇴색이 중간일 때**

• 신생모(1번) : 희망 색상 + 산화제20v(6%) - 신생모 도포

• 방치 시간 : 자연방치 15 ~ 20분

• 기염모(2번) : 남은 염모제 + 온수(10~15cc) - 기염모 도포

• 방치 시간 : 자연 방치 15 ~ 20분

세척 방법

총총 프로세싱 타임 35 ~ 40분을 보고, 약 5분정도 동안 에멀션을 해준 후 깨끗하게 염모제를 씻어내고 색소에 영향을 주지 않고 컬러의 유지력을 높여주는 염색용 샴푸를 사용하여 열려 있던 모표피를 닫아준다.

종연연장 : 퇴색이 적을 때

- 신생모(1번) : 희망 색상 + 산화제20v(6%) – 신생모 도포
- 방치 시간 : 자연방치 25 ~ 30분
- 기염모(2번) : 남은 염모제 + 온수(10~15cc) – 기염모 도포
- 방치 시간 : 자연 방치 5 ~ 10분

종연연장은 에멀션으로 대체하여 시술하기도 한다.

point

연연장 시술 시 신생모 부분에 희망색상을 표현하기 위하여 30v(9%) 산화제를 사용하였다면 기염모의 연연장 시술 시 그 남은 염모제를 사용하는 것이 아니라 새로이 20v(6%) 산화제로 혼합하여 온수를 혼합 연연장하여야 한다.

(5) 연연장 시술 시 고려사항

기염부의 퇴색 정도 : 퇴색정도에 따라 기염부에 도포시기를 다르게 시술한다.

2 실기 준비물

가발, 염색붓, 염색볼, 시술용 장갑, 앞치마, 염색보, 고객가운, 타월, 염모제 1·2제, 컬러차트, 염모제 짜개, 저울, 드라이기, 핀셋 등

3 시술 전 가발

앞

뒤

좌

우

4 실기

(1) 직연연장

시술에 사용된 염모제 : 7NB + 6%

① 희망색의 염모제와 산화제를 혼합한다.

② 헤어컬러 시술을 위한 시술 도구들을 준비한 후 염모제 도포를 용이하게 하기 위해 4등분 블로킹을 한다.

③ 1 ~ 1.5cm의 섹션을 나눈다.

④ 모근부터 염모제를 도포한다.

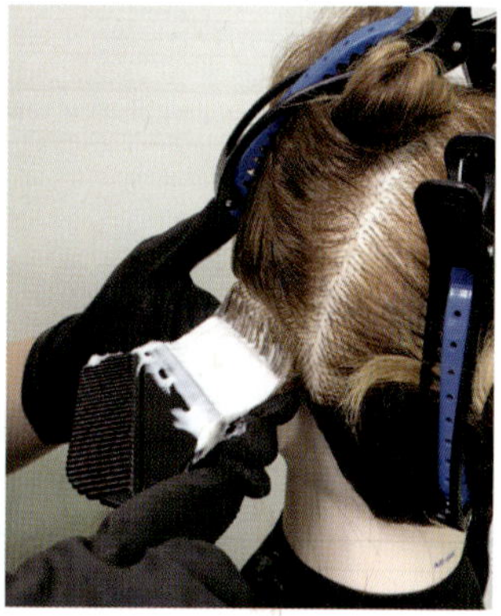

⑤ 기염모 전까지 염모제를 도포한다.

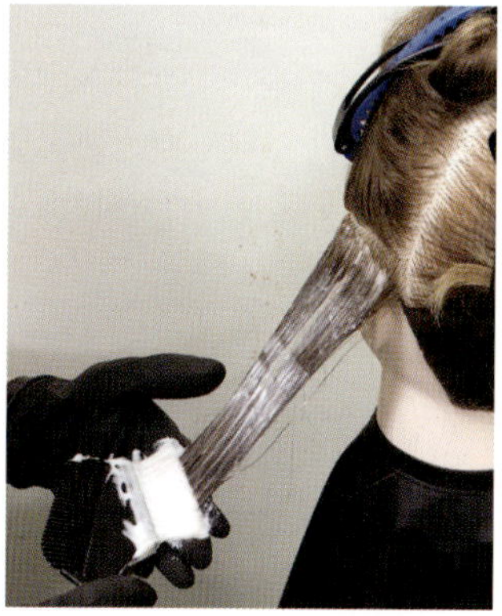

⑥ 다음 스트랜드도 동일하게 모근부터 시술한다.

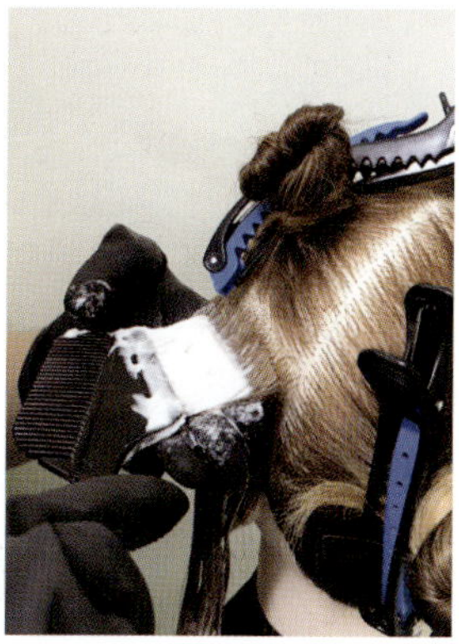

⑦ 마지막 스트랜드까지 기염모 전까지 염모제를 도포한다.

⑧ 1차 도포 완성

⑨ 1차 도포가 끝난 뒤 바로 남은 염모제에 10cc의 온수를 넣어준 후 섞어 준다.

⑩ 2차 도포로 기염모 부분에 온수를 혼합한 염모제를 도포하여 준다.

⑪ 전체적으로 염모제를 도포한 후 시술을 마무리한다.
약 30 ~ 35분 자연방치한 후 세척(샴푸)한다.

(2) 중연연장

시술에 사용된 염모제 : 7NB + 6%

① 희망색의 염모제와 산화제를 혼합한다.

② 헤어컬러 시술을 위한 시술 도구들을 준비한 후 염모제 도포를 용이하게 하기 위해 4등분 블로킹을 한다.

③ 1 ~ 1.5cm의 섹션을 나눈다.

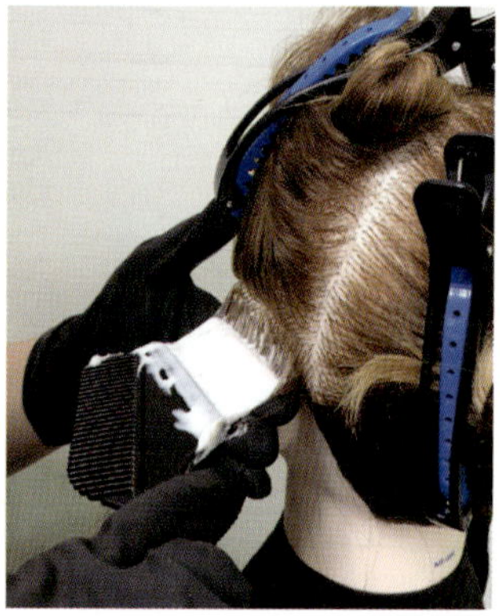

④ 모근부터 염모제를 도포한다.

⑤ 기염모 전까지 염모제를 도포한다.

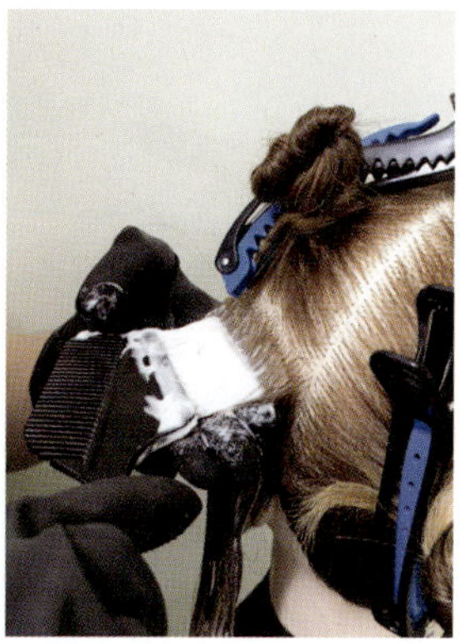

⑥ 다음 스트랜드도 동일하게 모근부
터 시술한다.

⑦ 마지막 스트랜드까지 기염모 전까지 염모제를 도포한다.

⑧ 1차 도포 완성. 약 15 ~ 20분 자연 방치한다.

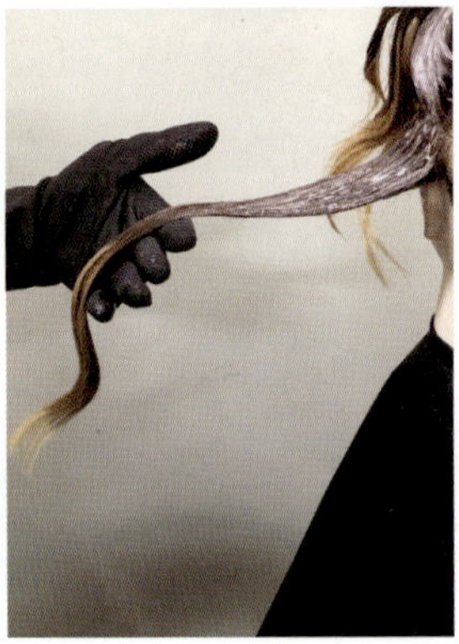

⑨ 방치시간 이후 바로 남은 염모제에 10cc의 온수를 넣어준 후 섞어준다.

⑩ 2차 도포로 기염모 부분에 온수를 혼합한 염모제를 도포하여 준다.

⑪ 전체적으로 염모제를 도포한 후 시술을 마무리한다.
약 15 ~ 20분 자연방치한 후 세척(샴푸)한다.

(3) 종연연장

시술에 사용된 염모제 : 7NB + 6%

① 희망색의 염모제와 산화제를 혼합 한다.

② 헤어컬러 시술을 위한 시술 도구들을 준비한 후 염모제 도포를 용이하게 하기 위해 4등분 블로킹을 한다.

③ 1 ~ 1.5cm의 섹션을 나눈다.

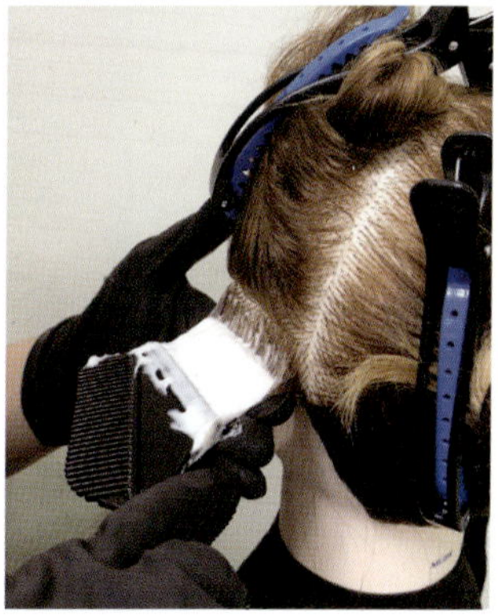

④ 모근부터 염모제를 도포한다.

⑤ 기염모 전까지 염모제를 도포한다.

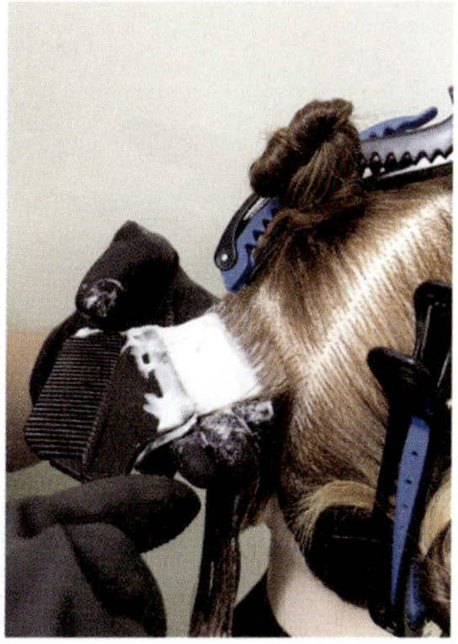

⑥ 다음 스트랜드도 동일하게 모근부터 시술한다.

⑦ 마지막 스트랜드까지 기염모 전까지 염모제를 도포한다.

⑧ 1차 도포 완성. 약 25 ~ 30분 자연 방치한다.

⑨ 방치시간 이후 바로 남은 염모제에 10cc의 온수를 넣어준 후 섞어 준다.

⑩ 2차 도포로 기염모 부분에 온수를 혼합한 염모제를 도포하여 준다.

⑪ 전체적으로 염모제를 도포한 후 시술을 마무리한다.
약 5 ~ 10분 자연방치한 후 세척(샴푸) 하거나 에멀션으로 대체하여 시술한 뒤 마무리한다.

5 완성

직연연장

종연연장

15. 재염색 - 혼합법과 선착법

1 실기 전 기초 이론

(1) 롱 라스팅(Long Lasting) 기법

밝은 모발에서의 색상 연출은 표현도 어렵지만 그 색상의 유지력 또한 중요 관건이다. 특히 파스텔컬러와 같은 저채도의 색상은 평균 유지력이 1 ~ 2주를 넘지 못한다.

색상을 길게 유지 시킬 수 있는 롱라스팅(Long Lasting) 기법을 올바르게 익혀 적용한다면 고객의 만족도를 증대시킬 수 있다.

혼합법 - 필러

가장 보편적으로 사용하는 방법으로 클렌징 작업 후 얼룩이나 잔여색소가 많이 남아있지 않을 시 사용할 수 있다. 약제는 보색과 희망색을 1 : 1로 혼합하여 사용하며 방치시간은 20 ~ 30분으로 한다. 색상 체인지가 완료되면 테스트(Test) 후 세척(샴푸 + 컨디셔너)한다.

필러(Filler)

필러란 바탕색상의 부족한 색소를 채워주기 위한 색상을 필러라 한다. 모발 손상이 많고 원하는 색상과 현재 모발색과의 레벨 차이가 많이 날 경우(3레벨 이상) 프리 피그멘테이션(Pre pigmentation) 방법으로 사용하지만 1 ~ 2레벨 정도만 톤 다운시키고자 할 때에는 컬러매치라하여 신생모 먼저 원하는 색상으로 도포한 후 나머지에 필러색상 + 온수(직연연장)으로 혼합한 후 도포하게 된다.

필러색상의 선택은 원하는 색상보다 1레벨 어두운 컬러나 같은 컬러의 따뜻한 색상을 선택한다.

필러는 염색시술에 있어 모발에 기본 색조를 침투시키거나 균등한 다공성을 조성하기위한 작업으로 제조업체의 조제로 하거나, 염료와 컨디셔너의 혼합물로 준비할 수 있다. 필러는 컨디셔너 필러(Conditioner Filler), 컬러필러(Color Fillers)로 나눌 수 있다. 믹싱은 희망색에 필러색을 10 ~ 30%를 혼합하여 사용하는 방법이다.

이때 사용되는 필러색은 희망색의 보색을 사용하며, 추가시간 없이 희망색을 쉽게 연출할 수 있는 장점이 있다.

컨디셔너 필러

컨디셔너 필러(conditioner filler)는 미용실에서 서비스 전에 손상된 모발에 사용한다. 염색 시술 전에 바로 시술하거나 혹은 염색과 별개로 따로 시술할 수 있다.

컬러 필러

컬러 필러(Color Fillers)는 모발의 손상된 상태 그리고 염색의 결과가 동일한 색조로 되어지지 않았을 때 사용한다. 퇴색한 모발 끝에 색조를 주며 모발에 착색을 돕는다.

모발의 뿌리부터 끝까지 동일한 색조로 진행되는 것을 도우며 색이 얼룩지는 것과 색이 빠지는 것을 방지할 수 있으며 염색과정에 있어 자연스런 색조와 일정함을 유지한다.

컬러 필러는 염색으로 손상된 모발에 직접 도포한다. 컬러 필러는 강한 농도를 사용하거나 혹은 증류수로 희석하거나 낮은 %의 디밸로퍼와 혼합하여 사용한다.

산성염모제 활용

옐로우 제거를 위한 레시피	반영구 염모제 희망색에 바이올렛(Violet)을 10~30% 혼합하여 도포 후 20~30분 에멀전 후 세척(샴푸 + 컨디셔너)
오렌지색 제거를 위한 레시피	반영구 염모제 희망색에 블루(Blue)를 10~30% 혼합하여 도포 후 20~30분 에멀전 후 세척(샴푸 + 컨디셔너)

영구 염모제 활용

옐로우 제거를 위한 레시피	영구 염모제 희망색에 동일레벨 바이올렛(Violet)을 10~30% 혼합하여 도포 후 20~30분 에멀전 후 세척(샴푸 + 컨디셔너)
오렌지색 제거를 위한 레시피	영구 염모제 희망색에 동일레벨 블루(Blue)를 10~30% 혼합하여 도포 후 20~30분 에멀전 후 세척(샴푸 + 컨디셔너)

(2) 선착법 – 프리피그멘테이션

클렌징 작업 후 모발에 얼룩이 많이 발생했거나 보다 확실한 컬러 체인지를 희망하는 경우 사용하는 기법으로 총 2회에 나누어 작업한다. 1차 약제(보색 + 온수(1 : 1)를 도포, 10분방치 후 수건으로 닦아내고 바로 2차 약제(희망색 + 산화제(1 : 1)로 리터치 한 후, 20 ~ 30분 정도 지나 색상 체인지가 완료되면 테스트(Test) 후 세척(샴푸 + 컨디셔너)한다.

다음과 같은 경우 활용가능하다.

- 알칼리 등으로 손상되어 밝아져 있는 경우
- 탈색 후 컬러 작업을 할 경우
- 기염부가 심하게 퇴색되어 있는 경우
- 디자인 컬러 작업으로 인해 부분적으로 밝아진 경우
- 백모커버 시 커버력을 증대시키기 위한 경우

작업방법은 이중 절차 염색(Two-Step Tints)으로 진행되며, 단일 염색 과정(One-Step Tints)에 비해 추가 시간이 많지 않은 것이 가장 큰 장점이다.

상세 염색과정은 1차 선착과 2차 본 염색으로 진행된다.

- 1차 선착은, 희망색과 온수를 1 : 1 비율로 혼합하여 선착이 필요한 부분에 도포하고 10분 방치 후 수건으로 닦아낸다. 이때, 모발을 많이 비비거나 닦아내는 과정에서 소요되는 시간이 너무 길어지지 않도록 주의한다.
- 2차 본염색은, 희망색과 산화제 6%(20 vol)를 1 : 1 비율로 혼합하여 덧 도포 후 20 ~ 30분 방치 후 에멀션하여 세척(샴푸 + 컨디셔너) 하는 것으로 마무리한다. 2차 본 염색 작업 시 불필요한 빗질이나 과도한 핸들링은 피하도록 한다.

(3) 후착법 – 컬러 리필(Color Refill)

컬러 리필은 작업일로부터 14일 이내에 다시 한 번 희망색을 보충해 주는 리터치 방법으로 이전 작업 컬러(희망색)에 저 농도의 산화제와 트리트먼트를 동일 비율로 혼합하여 작업하는 것이 특징이다. 손상된 기염부에 낮은 손상과 높은 유지력을 목적으로 한다.

예 희망색(이전 작업컬러) + 산화제 3%(10vol) + 트리트먼트 (1:1:1–20분)

16. 헤어 컬러 샴푸

1 실기 전 기초 이론

(1) 헤어 컬러 샴푸

- 헤어 컬러 샴푸란 염색이나 탈색 후 모발과 두피에 남아 있는 염모제를 샴푸와 헤어컬러전용 리무버를 사용하여 모발을 씻고 PH를 알칼리에서 약산성으로 돌려 놓는 작업을 말한다.
- 또한 트리트먼트와 클리닉 제품을 사용하여 손상되고 거칠어진 모발에 단백질을 채워넣거나 매끈한 질감을 갖게 한다.

주의 사항

- 헤어 컬러 리무버 제품이 고객의 피부에 남지 않도록 깨끗이 헹구어 준다.
- 염모제를 사용한 후 모발에 남아있는 잔여물(염모제)과 두피 및 피부에 묻어있는 염모제가 쉽게 지워지는 역할을 하는 유화작업을 권장한다.

(2) 유화(Emulsion) 과정

유화과정은 피부의 착색을 제거 해주고 두피에 남아 있는 염모제를 쉽게 제거해주며 색소의 정착을 촉진하여 모발 색상의 균일성과 윤기를 부여하는 역할을 한다. 유화는 특히 백모 염색에 있어서는 매우 중요한 과정으로 두피에 착색된 염료를 제거하며 백모 염색은 명도가 낮은 염모제를 사용하기 때문에 염료가 다량 함유되어 있어 두피나 피부에 착색되는데 액상화 과정을 통해 이를 제거하게 된다.

목적

- 두피와 모발에 남아있는 염모제의 잔여물을 제거하기 위한 목적으로 시술한다.
- 유화과정은 피부의 착색을 제거하여 주고 두피에 남은 염모제 쉽게 제거하기 위해 사용한다.
- 모발의 컬러를 연결시켜주기도 하며, 색소의 정착을 촉진시키기 위해 사용한다.
- 착색이 불안정한 부분을 보다 착색이 안정되게 착색을 시키기 위해 사용한다.
- 헤어 컬러의 발색을 높여주고 유지력을 높여주기 위해 사용한다.

시술 순서

- 샴푸시술을 하기 전 두피에 미온수를 살짝 뿌려둔다.
- 엄지손가락을 이용하여 원을 그리듯 마사지를 하며 페이스 라인 쪽 두피를 문질러준다.
- 손가락 전체를 이용하여 부드럽게 두피마사지를 해 준다.
- 전체 모발을 마사지하듯 유화시켜준다.

효과

- 두피와 모발의 염모제 잔여물 제거
- 색소의 정착을 도와줌
- 부드러움과 윤기를 더해 줌
- 유지력을 증가시킴
- 띠가 형성되지 않도록 해줌
- 모발 컬러의 균일성

(3) 샴푸

헤어 컬러의 시술 후의 샴푸는 두피와 모발에 남아있는 염모제를 제거하고 모발의 pH를 맞추는 역할을 한다. 염색용 샴푸 및 트리트먼트를 사용하여 색소에 영향을 주지 않고 컬러의 유지력을 높여주고 변색을 방지하는 보습성분과 영양을 모발에 충분히 제공하여 염색된 모발의 색상을 더욱 선명하고 오래도록 유지될 수 있도록 하는 것이 좋다.

샴푸(Shampoo)

샴푸는 '매만지다', '마사지하다', '주무르다'라는 뜻으로 두피 및 모발의 세정을 뜻한다. 염색시술 후의 샴푸는 염색 및 탈색의 시술 후에 두피나 모발에 남아있는 약제가 없도록 하기 위해 깨끗이 제거하고 모발의 pH 발란스를 맞춰주는 역할을 한다. 샴푸제는 두피에 자극이 적으며 적당한 세척작용을 지닌 제품을 사용하도록 하며 두피에 강한 자극을 주지 않아야 한다.

시술 방법

- 두피 및 모발에 미온수를 뿌려 유화과정을 한다.
- 적당한 온도를 유지하며 두피 및 모발에 묻어있는 염모제를 물로 헹구어낸다.
  이 때, 귀 또는 얼굴에 튀거나 흐르지 않도록 주의하며 헹구어 준다.
- 염모제를 모두 헹구어 낸 다음, 염색용 샴푸를 모발에 도포하여 준다.
- 여러 가지의 샴푸테크닉을 가볍게 진행한다.
- 샴푸제를 헹구어준다.

(4) 헤어 트리트먼트(Hair Treatment)

헤어 트리트먼트

헤어 트리트먼트는 염색으로 빠져나간 단백질을 큐티클 내부에 침투시켜 모발의 안까지 영양을 주어 염색으로 인해 건조하고 푸석해진 모발에 윤기와 부드러움을 준다. 샴푸 후 샴푸의 성분으로 인해 열려 있는 큐티클을 닫아주는 역할을 하는 보호막을 형성해 주기 때문에 지속적으로 사용해 주는 것이 효과적이다. 또한 트리트먼트제의 성분에 산성이온은 손상되어 있는 모발의 알칼리 이온과 결합하여 적절한 산도를 유지시켜 준다.

헤어 트리트먼트의 기능

- 얇은 모발을 견고하게 만들어 준다.
- 모발에 윤기를 준다.
- 모표피가 수축되게 한다.
- 모발에 정전기 발생을 줄여준다.
- 모발의 손상을 회복시켜준다.
- 빗질을 용이하게 해 준다.

주의 사항

헤어 트리트먼트제 뿐만아니라 컨디셔너, 린스제도 마찬가지로 이러한 제품들을 사용 후에는 반드시 깨끗하게 다 헹구어 내야 하며 그렇지 않은 경우, 비듬이 생길 수 있으며 두피질환과 탈모의 원인이 된다.

시술 순서

- 샴푸 후 모발을 타월드라이 해 준다.
- 트리트먼트제를 적당량 덜어 모발에 마사지하듯 발라준다.
- 바른 후 약 5~10분 정도 열처리를 해주거나 미스트기 사용 혹은 온타월(뜨거운 타월)로 감싸고 있는다.
- 시간이 없을 경우 트리트먼트제 도포 후 2~5분 정도 자연방치 해준다.
- 제품이 두피나 모발에 남아있지 않도록 깨끗이 헹구어준다.

point

전용 샴푸제와 트리트먼트제를 사용해야하는 이유

- 모발의 pH의 등전점(pH4.5~5.5)을 유지시켜준다.
- 두피 및 모발의 건조를 예방해 주며 윤기가 나게 해 준다.
- 알칼리 성분에 의해 팽윤이 된 모발을 수축시켜주며 모발의 정돈에 도움을 준다.

샴푸제와 트리트먼트제의 필요성

- 모표피에 윤기를 준다.
- 모표피를 수렴제를 이용하여 수축시켜준다.
- 화학 시술로 인해 손실된 단백질을 보충하여 준다.
- 건조하고 푸석해진 모발에 부드러움과 윤기를 준다.
- 모발의 정전기 발생을 줄여준다.

(5) 헤어 컬러 리무버

헤어 컬러 시술 시에 피부에 묻은 염 · 탈색제를 지우기 위하여 사용되는 제품이다.

출처 : 아모스프로페셔널 홈페이지
(www.amosprofessional.com)

출처 : 웰라코리아 홈페이지
(www.wellakorea.co.kr)

	장점	단점
크림	원하는 부분에 정확하게 도포	시간이 오래 걸림 피부에 자극이 있음
액상	피부에 자극이 적음 빠르게 지워짐	흘러내리기 쉬움
티슈	간편함	잘 지워지지 않음

2 실기 준비물

가발, 염색붓, 염색볼, 시술용 장갑, 앞치마, 염색보, 고객가운, 타월, 염모제 1·2제, 컬러차트, 염모제 짜개, 저울, 드라이기, 핀셋 등

3 실기

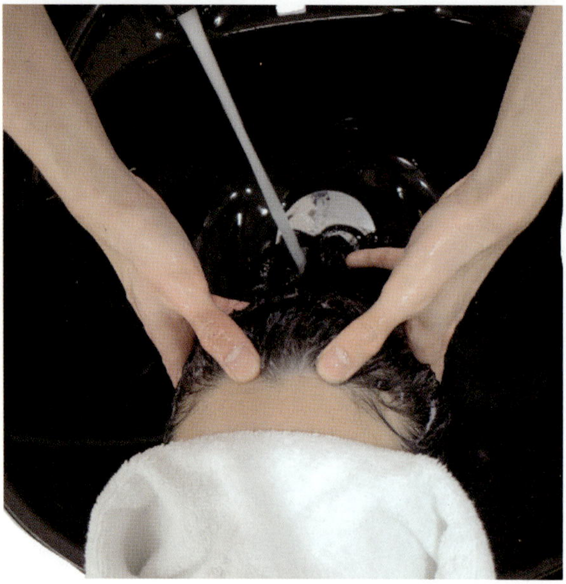

(1) 헤어컬러링 샴푸하기

① 고객을 샴푸대에 눕혀 물을 사용하지 않은 상태에서 페이스라인부터 천천히 굴려 마사지하여 염모제가 두피에서 떨어져 나올 수 있도록 작업해준다.

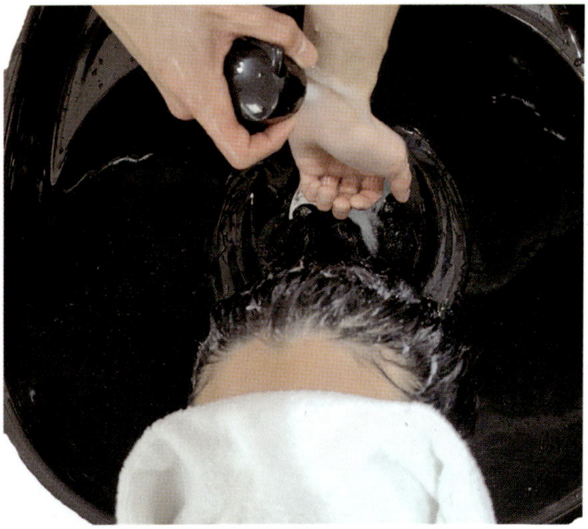

② 물을 약간만 적셔 다시 페이스라인부터 천천히 굴려 마사지하여 염모제가 두피에서 떨어져 나올 수 있도록 작업해준다. 이를 2 ~ 3번 반복한다.

③ 이후 모발을 깨끗이 헹궈준다.

④ 컬러샴푸를 활용하여 샴푸해준다.

⑤ 트리트먼트와 마사지를 진행한다.

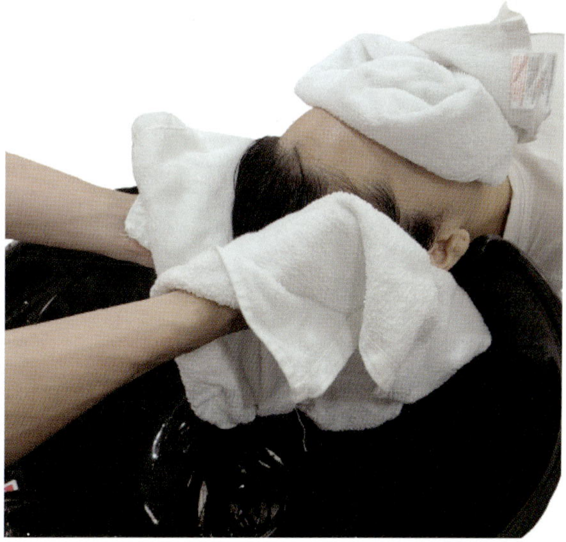

⑥ 모발의 물기를 제거한다.

⑦ 고객님을 앉혀 수건으로 젖은 모발을 닦고 머리를 감싸준 후 고객님의 경대로 안내한다.

17. 헤어컬러 마무리하기

1 실기 전 기초 이론

(1) 모발 제품 처리

헤어 에센스(Hair Eessence)

헤어 에센스는 화학 작용으로 인해 민감해지고 단백질이 빠져나가 푸석푸석하고 큐티클이 벗겨진 모발을 원래의 상태로 회복시켜 주는 데 도움을 주는 제품들이다. 모발의 엉킴과 정전기를 예방하여 빗질에 용이하게 하며 모발에 광택효과를 주고 모발의 보습제 역할을 한다. 이러한 제품들을 사용함으로써 모발을 중화시키고, 착색이 안정화되도록 도와준다.

사용 방법

- 샴푸시술 후 모발의 물기를 타월로 드라이한 후 모발이 건조되기 전에 발라주도록 한다.
- 헤어 에센스 도포 시 손가락으로 두피 마사지를 해주는데 이때 손톱이 두피를 긁지 않도록 한다.
- 반드시 손가락 끝의 지문 부분으로 강약조절을 하며 지그시 누르거나 비벼주는 것을 반복하며 마사지를 해주고 혈액순환에 도움을 준다.

헤어에센스 종류와 특징

출처 : 아모스프로페셔널 홈페이지(www.amosprofessional.com)

	특징	모발 타입
크림	매끄러움, 차분함, 정돈감	굵은 모발, 손상 모발
워터	흡수력, 가벼움, 볼륨감	보통 모발, 가는 모발
오일	매끄러움, 부드러움, 정돈감	굵은 모발, 손상 모발, 보통 모발

헤어 클리닉(Hair Clinic)

헤어 클리닉은 모발의 구조를 다시 구성을 하여 회복해주고 영양을 주는 등의 치료 작용을 한다.

특히 지속적으로 염색을 하는 사람에게 모발의 건강함을 되찾아 주는 것에 큰 효과가 있다. 트리트먼트가 주는 효과와는 다르게 헤어 클리닉은 모발의 조직을 단단하게 해주며 재구성된 분자로 인하여 모발의 섬유가 활기를 되찾게 해주는 제품이다. 단백질이 빠져나감으로써 단백질의 결합이 끊어지고 힘이 없이 윤기를 잃어 모발의 끝이 갈라지고 탄력을 잃게 된 손상모에게 더욱 더 큰 효과가 있다.

사용 방법

- 샴푸 후에 모발의 물기 제거를 위해 타월 드라이를 한 후 골고루 도포해준 다음 헹구어내지 않는다.
- 모발에 물리적 시술을 할 때 사용하기 좋으며, 화학 시술 후 혹은 다음 염색 시술 사이에 하면 좋다.

염색 후 모발은 화학제품으로 인해 손상이 많이 되어 있는 상태이다. 그래서 손상된 모발에 유, 수분을 공급하여 밸런스를 맞춰주고 보호막을 형성하여 윤기 있는 스타일링을 해준다.

(2) 컬러 시술 후 마무리 스타일링

염색 후 모발은 화학제품으로 인해 손상이 많이 되어 있는 상태이다. 그래서 손상된 모발에 유, 수분을 공급하여 밸런스를 맞춰주고 보호막을 형성하여 윤기있는 스타일링을 해준다.

(3) 스타일링 제품의 종류와 특징

헤어 스타일링을 완성하고 기후에 따라 여름에는 습해서 스타일링이 잘 무너지고 겨울은 건조하여 정전기가 생긴다. 그런 현상을 방지하고자 사용하는 것이 헤어 스타일링 제품이고 오랫동안 헤어 스타일을 유지시켜주는 역할을 한다.

왁스

- 스타일링 된 헤어를 고정해주고 윤기를 주는 역할이다.
- 하드와 매트왁스는 윤기가 없고 강력한 고정력이 있다.
- 검이나 소프트왁스는 부드러운 제형으로 볼륨과 웨이브에 효과적이다.
- 빗물 등에도 스타일링이 유지되어야 한다.

젤

스타일링 완성 후 건조된 모발에 손이나 도구를 사용하여 도포한다.

스프레이

- 스프레이는 모발의 스타일링의 자유로운 움직임을 고정해주는 역할을 한다.
- 하드 타입의 스프레이는 강한 고정력과 세팅력을 가지고 있어 초보자에게는 어렵다.
- 소프트 타이의 스프레이는 가볍고 부드러운 스타일링을 할 수 있다.
- 스프레이를 뿌릴 때, 모발의 뭉침이 있으면 안된다.
- 수분에 강해야 한다.

출처 : 아모스프로페셔널(www.amosprofessional.com)

(4) 스타일링 기구의 종류와 특징

시술 후 스타일링 기기를 정할 때에는 모발의 길이, 컬러, 컬의 형태에 따라서 기구를 선택하여야 하며 기구를 사용하기 전에 모발의 손상을 줄이기 위해 영양, 보습 제품을 발라 모발을 보호한다.

드라이기

- 모발에 수분감이 약간 있을 때 시술한다.
- 자연스러운 볼륨을 줄 수 있다.
- 모발의 길이에 맞춰 롤 브러시 크기를 선택하여 사용한다.

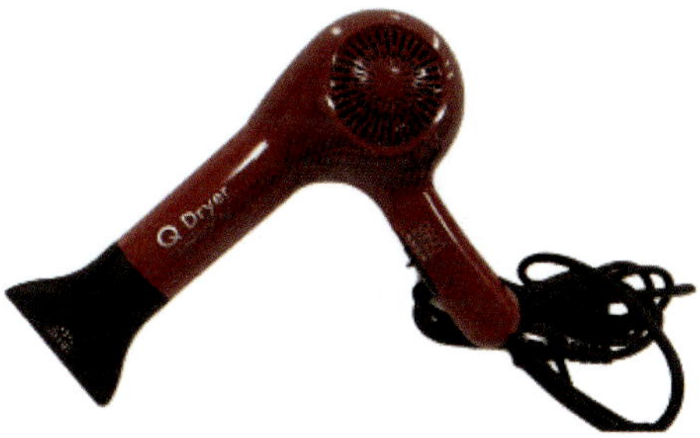

평판형 아이론

- 수분감이 없이 건조한 모발에 사용한다.
- 곱슬머리에 효과적이다.
- 일자형 스트레이트에 효과적이다.
- 자연스러운 웨이브도 가능하다.
- 모발의 상태에 따라 온도를 조절하여 사용한다.

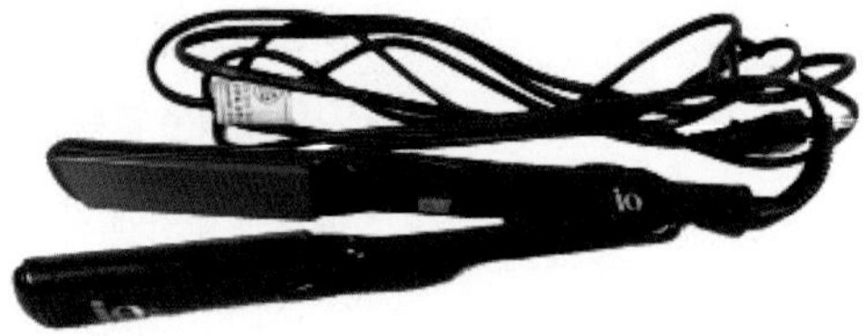

원형 아이론

- C컬이나 S컬 등 웨이브 스타일링에 효과적이다.
- 모발 전체를 균일하게 웨이브 연출이 가능하다.
- 열판이 원형으로 되어있어 조심해야 한다.

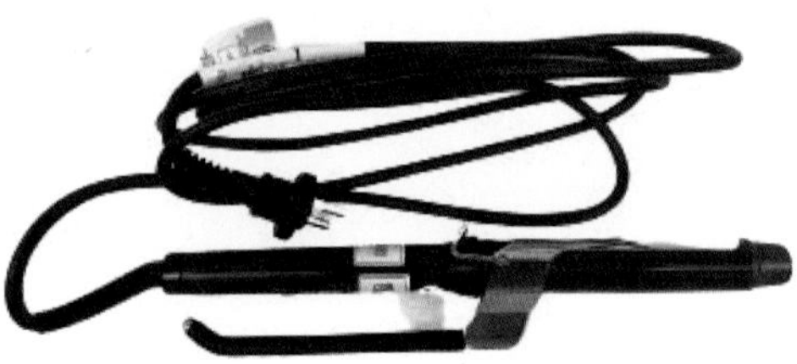

(5) 스타일링 기구 온도 설정

구분	모발 형태 및 손상	컬의 형태	컬의 형태
160℃ 이상	건강 모발, 강모	강하게 컬을 만든다.	유지력이 강하다.
140 ~ 160℃	보통 모발, 손상 모발,	부드럽게 컬을 만든다.	유지력이 보통이다.
140℃ 이하	극손상 모발	자연스러운 약한 컬을 만든다.	유지력이 짧다.

(6) 주의 사항

- 시술 전 제품의 성분의 성분에 따른 알레르기 반응 등을 알아둔다.
- 수시로 환기를 시킨다.
- 제조사의 사용 설명서를 충분히 숙지한 후 사용한다.

2 실기 준비물

헤어 에센스, 왁스, 드라이기, 헤어 브러시, 꼬리빗, 아이롱

3 실기

- 드라이기를 사용하여 모근부터 건조시킨다.
- 스타일에 맞는 스타일링 도구를 선정하여 콘센트에 접합하여 적정 온도에 맞춘다.
- 스타일링 시술을 진행하며 고객이 직접 스타일링을 할 수 있도록 설명하며 시술한다.
- 왁스, 스프레이 등 고정 제품을 사용하여 고객의 스타일링을 고정시킨다.
- 시술 후에 나타나는 문제점을 설명한다.

아이롱을 이용한 리버스 웨이브

아이롱을 이용한 포워드 웨이브

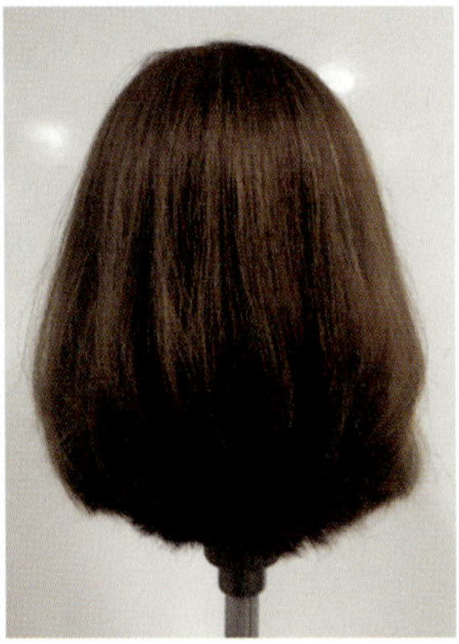

판넬 아이롱을 이용한 C컬

memo

3 Chapter 응용 헤어컬러

1. 포일워크의 이해

1 실기 전 기초 이론

(1) 포일워크(Foil Work)

포일을 사용하여 위빙이나 슬라이싱 등으로 움직임을 표현하여 입체감이 느껴지도록 완성하는 테크닉이다. 컬러 선정에 따라 부드러운 이미지, 강렬한 이미지를 연출할 수 있다.

포일워크는 율동감 있는 디자인을 연출 시 사용하는 테크닉으로 원톤 컬러를 시술할 때보다 다양한 디자인이 가능하며, 콘트라스트 배색 등 명도차를 이용할 수 있는 것이 특징이다.

기장이 긴 고객의 모발에 동일한 컬러로 염색하는 것은 어려우나 포일 워크 사용 시 자연스러운 느낌으로 명도와 채도를 표현할 수 있다. 원터치 염색 시 뿌리의 뚜렷한 경계가 포일 워크를 이용한 컬러 시술의 경우에는 자연스럽게 보여 재시술 기간이 길어지므로 손상도를 줄일 수 있다.

고객의 얼굴형에 맞게 이미지를 구상할 수 있고 원하는 부분에만 선택적으로 컬러를 시술할 수 있어 개성적 이미지를 부각시키는 시술이다.

2 실기 준비물

포일, 꼬리빗

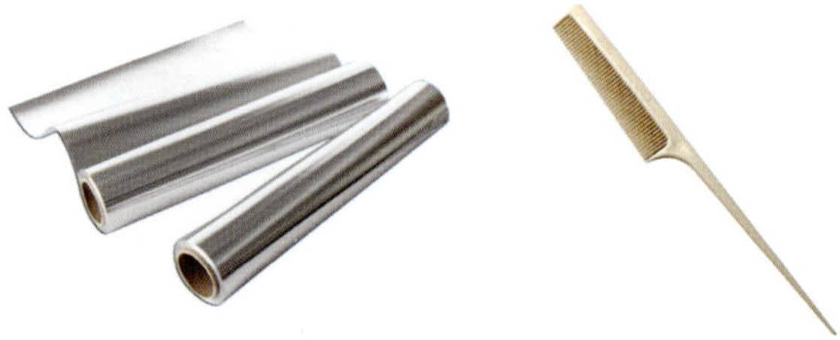

3 실기

① 포일의 윗부분을 엄지손가락으로 잡아준다.

② 빗을 이용하여 포일의 1/2을 눌러 표시해준다.

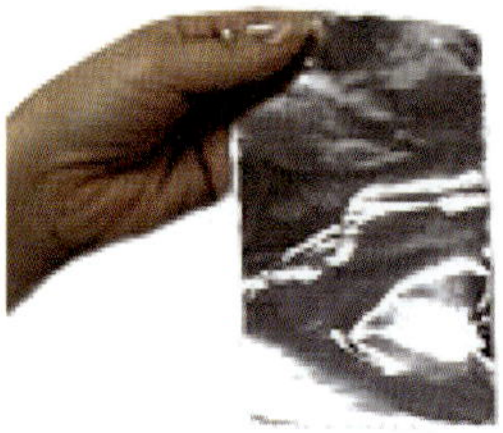

③ 표시해둔 1/2부분을 접는다.

④ 접은 포일을 다시 빗을 이용하여 포일의 1/3을 눌러 표시해준다.

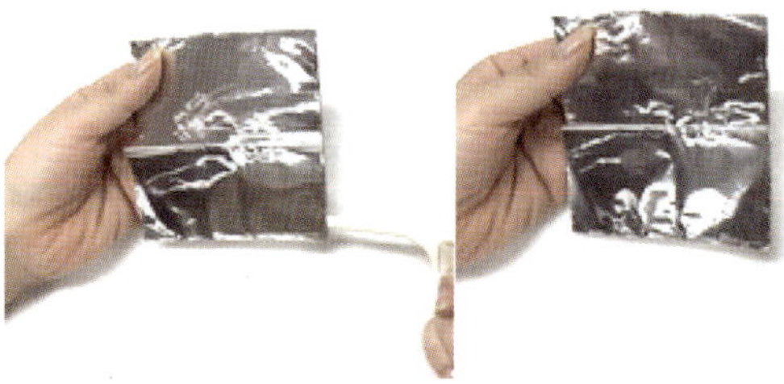

⑤ 표시해둔 1/3부분이나 1/2을 길이에 맞게 접는다.

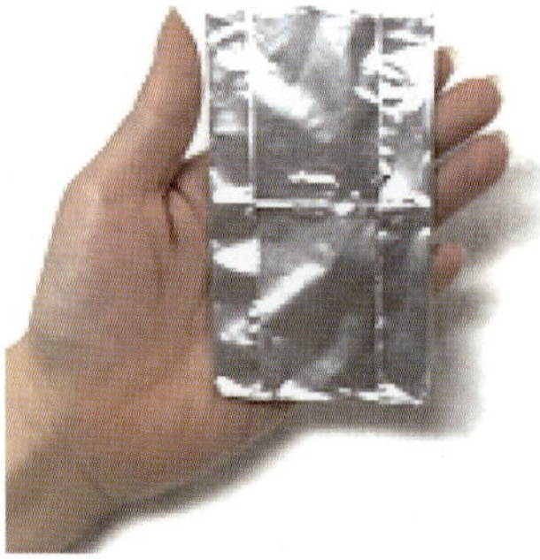

⑤ 양쪽의 끝부분을 빗살을 이용하여
접어준다.

2. 하이라이트

1 실기 전 기초 이론

(1) 하이라이트(Highlight)

하이라이트는 '눈에 띄다', '밝은 부분', '광채'를 의미한다.

헤어 컬러에서는 부분적으로 나누어 선택한 모발을 매우 밝게 만드는 것을 의미한다. 색의 명암을 단차를 크게 하여 단색 염색만으로는 부족하기 쉬운 머리의 율동감, 입체감 등을 부여하는 효과가 있다.

하이라이트는 탑, 프린지에 부분적으로 넣어주는 경우가 많다.

(2) 로라이트(Lowlight)

하이라이트과는 반대로 부분적으로 나누어 선택한 모발을 어둡게 만드는 것을 의미한다.

백모컬러나 하이라이트에서 모발의 색이 너무 밝게 나왔을때, 전체를 하나의 컬러로 어둡게 표현하는 것이 아니라 부분적으로 어두운 컬러를 부여하여 음영을 주어 차분하고 부드러운 이미지를 부여하는 효과가 있다.

(3) 메쉬(Meche)

메쉬는 불어로 '머리다발'을 의미한다.

헤어 컬러에서는 전체가 아닌 머리 일부에 컬러를 부여하는 테크닉이다.

하나의 컬러 시술보다는 전체적인 디자인과 밸런스를 고려하여 몇 군데에 여러가지 컬러를 입히거나 탈색하여 강조해 주는 테크닉이다.

(4) 프로스팅(Frosting)

서리가 내린 것 같은 효과를 주는 테크닉을 말한다.

모발 끝만을 밝거나 어둡게 처리하고 나머지 부분과는 자연스럽게 이어지게 하는 것으로 주로 숏헤어에 응용되는 테크닉이다.

(5) 삼각칩(Triangle Chip) 테크닉

하이라이트 부분에 포인트 컬러를 삼각형으로 섹션을 나누어 적용하는 테크닉은 부분이나 전체적으로 표현이 가능하며 균일한 포인트 효과를 얻을 수 있다. 정삼각형, 역삼각형에 따라 이미지가 다르게 연출된다.

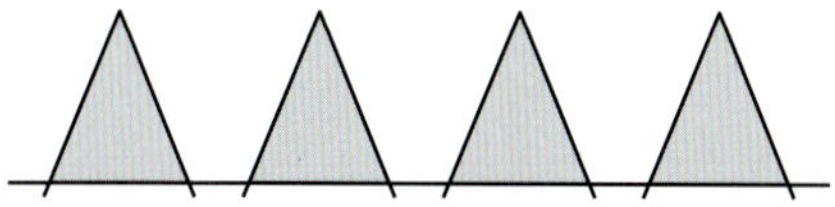

정삼각형

스타일 마무리 시에 베이스와 포인트의 컬러가 자연스럽게 어우러져 안정감을 느낄 수 있다.
조화로운 스타일이다.

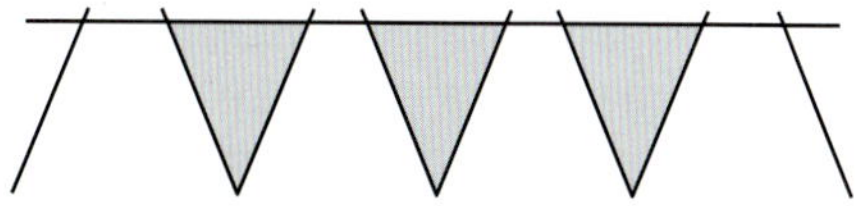

역삼각형

개성있는 스타일을 원하는 고객에게 적합하며 컬러가 개성있게 도드라져 강조됨을 느낄 수 있다.
포인트가 강조되어 보이는 스타일이다.

모량

모량에 따라 삼각형의 모양을 다르게 설정하여 시술한다. 모량이 많을 경우에는 역삼각형, 모량이 적을 경우에는 정삼각형으로 시술한다.

베이스의 밝기

베이스가 밝은 경우 포인트 컬러를 어둡게 적용하되 컬러의 특성상 수축되어 보일 수 있으므로 크기를 크게 잡는다. 어두운 경우 포인트 컬러를 밝게 적용하되 컬러의 특성상 확장되어 보일 수 있으므로 크기를 작게 잡는다.

(6) 하이라이트의 위치에 따른 효과

탑

탑 부분에 하이라이트를 시술하게 되면 탑을 강조해 줌으로써 시선을 위로 끌어 올리는 효과를 준다. 이러한 효과로 인해 얼굴형이 보다 갸름하게 연출될 수 있다. 특히 탑을 기점으로 정삼각형으로 시술할 경우 포인트가 작게 드러나 보이기 때문에 포인트가 두드러지지 않고 자연스럽게 조화로워 보인다.

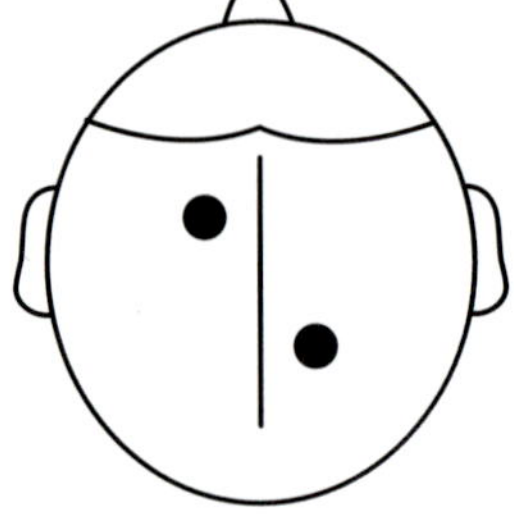

사이드

얼굴형이 역삼각형인 고객에게 사이드 하단부위에 하이라이트를 연출할 경우 모던하면서도 세련된 이미지를 연출할 수 있다.
특히 고객이 모발을 자주 넘기는 경우에는 넘기는 방향을 체크하여 위치를 잡고, 두 파트 부분의 색감을 자연스럽게 그라데이션시킨다.

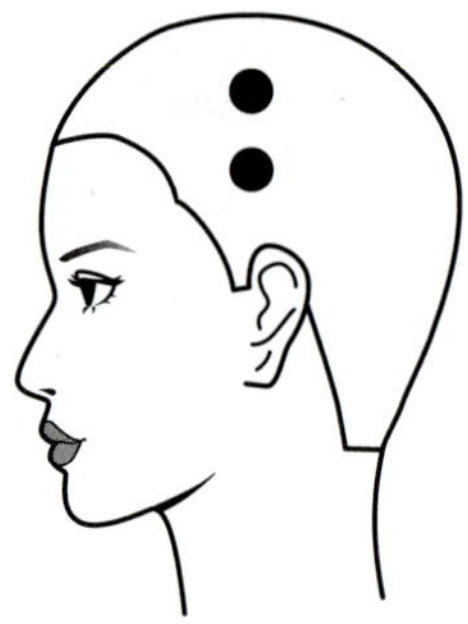

프론트

프론트에 하이라이트를 연출할 경우 앞머리를 개선 있게 연출할 수 있다. 특히 포인트를 위쪽으로 연출하기 때문에 귀여움과 발랄한 이미지 제안에 효과적이며, 특히 하이라이트를 주면 얼굴형이 길어 보이는 효과를 볼 수 있다.

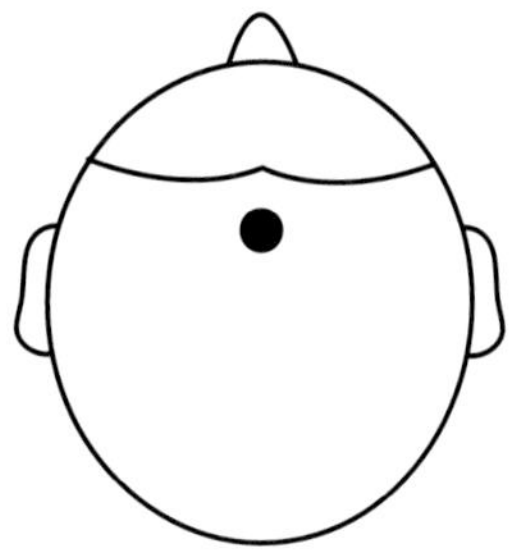

탑에서 네이프까지

탑에서 네이프까지 구획을 나누어 하이라이트를 부여할 경우 질감의 느낌을 보다 강조할 수 있는데 단자가 큰 커트스타일에 적용해야 강조된다.
이때 베이스 컬러와 포인트 컬러의 레벨 차이를 크게 할수록 질감의 느낌이 살아난다.

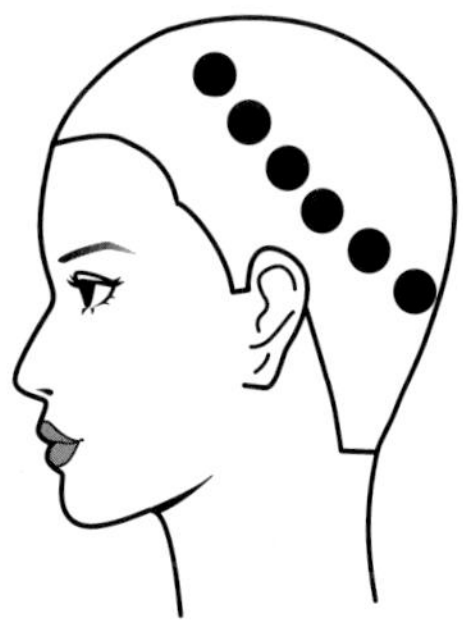

3. 슬라이싱

1 실기 전 기초 이론

(1) 슬라이싱(Slicing)

얇게 저민다는 뜻으로 머리 패널을 얇게 떠 염모제를 도포하는 방법이다.

모발을 얇게 면으로 들어올린 후 패널의 양, 두피와의 각도, 컬러 배열에 따라 다양한 스타일을 표현할 수 있으며 모발의 굵거나 숱이 많고 베이스가 어두운 모발에 시술하면 효과적인 하이라이트 컬러를 시술할 수 있다.

한 면을 포인트로 적용하는 기법으로 한 면 섹션의 두께를 얇게 하거나 굵게 적용하여 시술하게 된다. 두상 전체에 사선 슬라이싱 테크닉을 적용할 경우 위빙보다 쉽고 빠르게 위빙 테크닉의 효과를 볼 수 있다.

point

- 슬라이스는 전체 판넬에 모두 염모제를 도포하는 것으로 너무 많은 두께의 모발을 슬라이싱하면 둔탁해 보일 수 있으므로 디자인을 고려하여 0.5cm 내외의 두께로 슬라이스를 뜬다.
- 시선이 집중되는 페이스라인 부위의 첫 슬라이스는 얼굴쪽에 모두 같은 밝은 색이 보이면 부자연스러우므로 첫 슬라이는 위빙을 떠서 시술한다.
- 슬라이싱 테크닉 시술 시 섹션의 두께를 크게 잡게되면 오히려 포인트 컬러가 너무 느러나 강조되어 보일 수 있다.
- 어두운 모발에 포인트를 밝게 시술할 경우 포인트 0.5cm, 베이스 1.5cm로 정해 컬러의 밝기에 따라 커보이는 현상을 방지한다.
- 밝은 모발에 포인트를 어둡게 시술할 경우 포인트 1.5cm, 베이스 0.5cm로 정해 컬러의 밝기에 따라 작아보이는 현상을 방지한다.

(2) 주의사항

- 시술 전 상담을 통해 고객의 건강 상 문제 등을 고려한다.
- 화학제품은 신체에 영향을 줄 수 있으므로 주의하며 사용한다.
- 수시로 환기를 시킨다.
- 제조사의 사용 설명서를 충분히 숙지한 후 사용한다.

2 실기 준비물

시술용 장갑, 앞치마, 염색보, 고객가운, 타올, 포일, 가발, 핀셋, 전자저울, 꼬리빗, 염모제, 산화제, 탈색제, 염색볼, 염색붓, 드라이기 등

3 블로킹 - 12등분

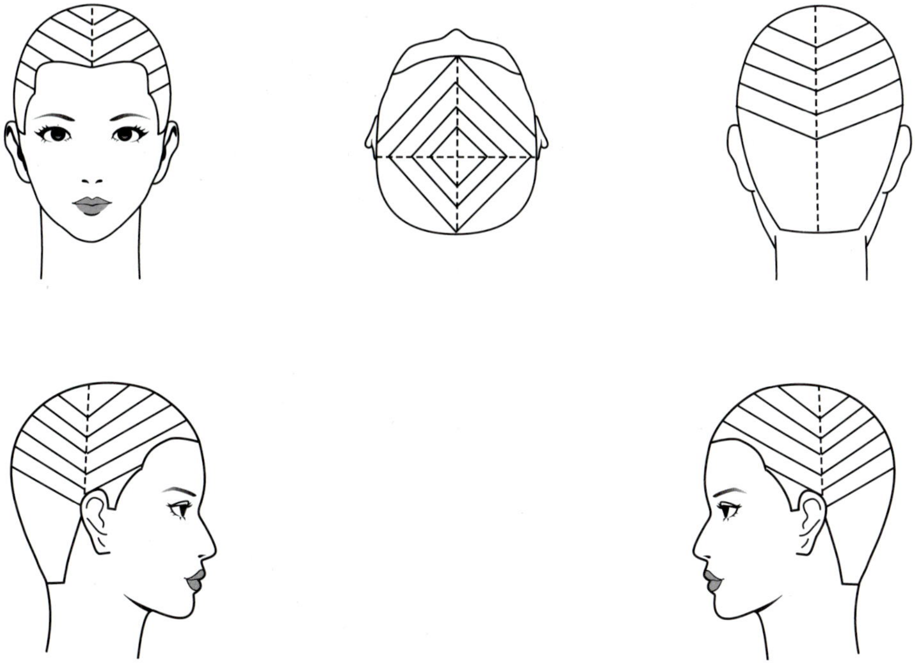

도해도

4 실기

① 백센터를 나눈 후 백에서부터 이어 투이어까지 다이아고날 섹션을 나눈 뒤 모량과 디자인의 의도에 따라 약 1.5 ~ 2cm정도 슬라이스를 뜬다.

② 위의 0.5 ~ 1cm의 슬라이스를 뜬다.

③ 선택한 판넬 아래에 포일 또는 컬러 페이퍼를 대각선으로 댄다.

④ 스트랜드의 중간에 염모제를 도포하여 시술 시 스트랜드가 흔들리지 않도록 하여 염모제를 도포하여 준다.

⑤ 포일을 90°를 들어 모발 끝부터 포일에 미리 접어둔 0.5cm 전까지 염모제를 도포하고 빗살을 이용하여 포일의 길이를 반으로 접고 양옆을 1cm씩 접어준다. 다음 스트랜드는 2cm를 떠주어 1cm씩 나누어 주어 위의 스트랜드만 시술해 준다.

⑥ 왼쪽의 C.P부터 F.S.P까지의 부분의 섹션을 FACE 라인과 동일한 사선을 2cm를 나누어 1cm씩 위의 스트랜드만 시술해 준다.

⑦ 다음 스트랜드를 2cm떠서 0.5~1cm를 슬라이싱해서 시술해나간다.

⑧ 마지막 스트랜드까지 염모제를 도포하여 시술을 마무리하고 발색이 될 때까지 자연방치한다.

5 완성

4. 위빙1 - 12등분

1 실기 전 기초 이론

(1) 위빙(Weaving)

위빙이란 영어로 'Weave'의 짜다, 엮다의 의미이다. 스킵핑은 '빼어잡다'라는 의미로 모두 같은 테크닉이다.

유럽에서 먼저 제안된 위빙 테크닉은 베이스와 포인트 부분의 명도를 달리하여 음영효과를 내어 입체감을 부여하는 테크닉이다.

슬라이스한 패널의 머리다발을 꼬리빗의 빗끝을 사용하여 일정 간격으로 엮어내듯이 빼준 후, 빼준 부분에만 컬러를 부여하는 방법이다. 모발의 일정량 슬라이스하여 다시 뜨개질 하듯 떠내어 색을 변화시키는 포일기법이다. 명도, 색상, 채도의 동화를 조절할 수 있다.

위빙의 칩(Chip) 크기나 피치(Pitch)에 따라 강약 조절이 가능한 것이 특징이다.

살롱에서 가장 쉽고 많이 사용되는 테크닉으로 가닥가닥 포인트 효과를 부여할 때 사용한다. 특정부분을 강조하거나 두상 전체 포인트를 강조하고 디자인에 따라서 칩의 크기와 간격을 조절하며, 특히 짧은 머리에 시술할 경우 경쾌하고 활동적인 이미지를 부여한다.

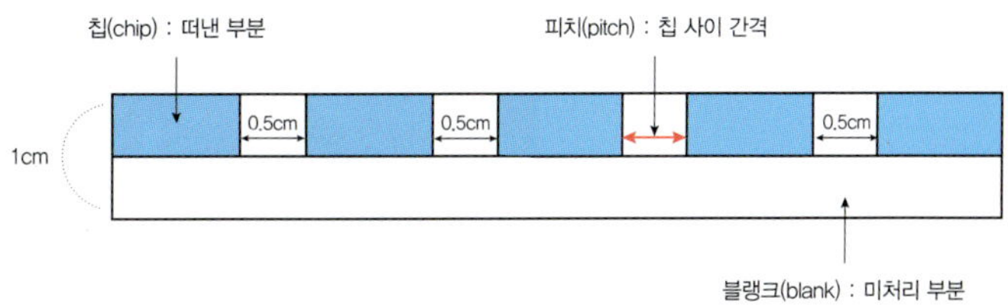

(2) 주의 사항

- 시술 전 상담을 통해 고객의 건강 상 문제 등을 고려한다.
- 화학제품은 신체에 영향을 줄 수 있으므로 주의하며 사용한다.
- 수시로 환기를 시킨다.
- 제조사의 사용 설명서를 충분히 숙지한 후 사용한다.

2 실기 준비물

시술용 장갑, 앞치마, 염색보, 고객가운, 타올, 포일, 가발, 핀셋, 전자저울, 꼬리빗, 염모제, 산화제, 탈색제, 염색볼, 염색붓, 드라이기 등

3 블로킹 - 12등분

4 실기

① 12등분 블로킹을 나눈다.

② 1cm 정도의 패널을 뜬다.

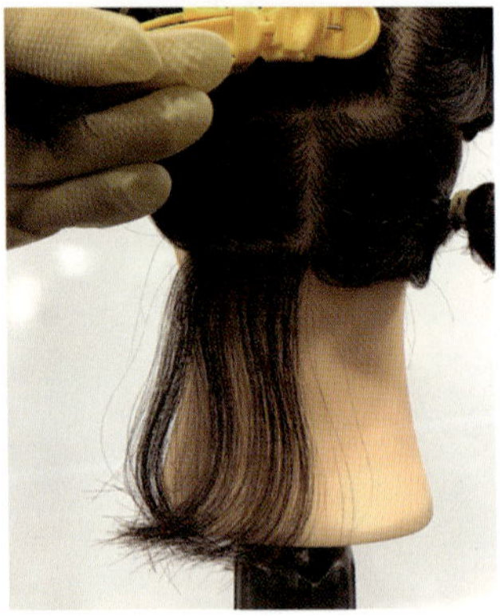

③ 1cm 패널의 위 쪽의 0.5cm를 들어 올린다.

④ 3－3－7mm를 기준으로 위빙을 뜬 후 위 쪽의 포일이 접힌 부분을 두피에 지지하여 위빙을 뜬 모발을 올리고 엄지로 고정한다.

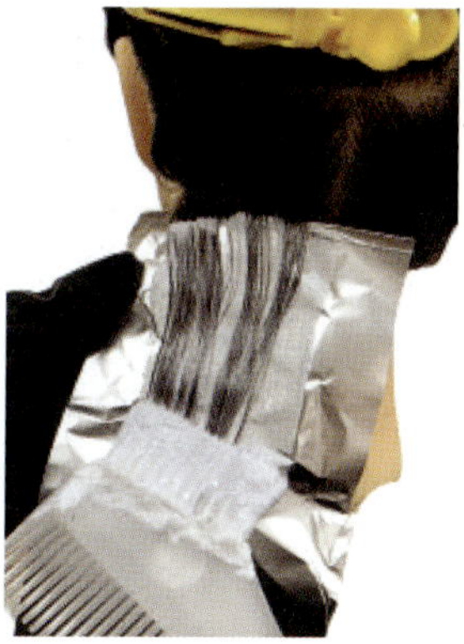

⑤ 약제를 고르게 도포한다.

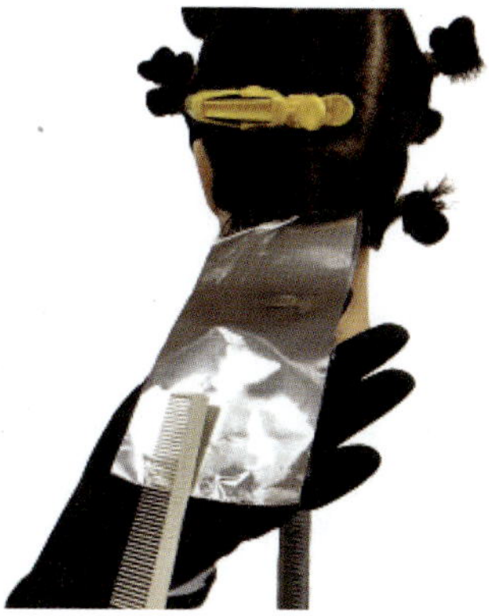

⑥ 포일을 1/2을 접어 꼬리빗에 묻은 약제를 타올에 닦아낸다.

⑦ 다시 1/3을 접어올린다.

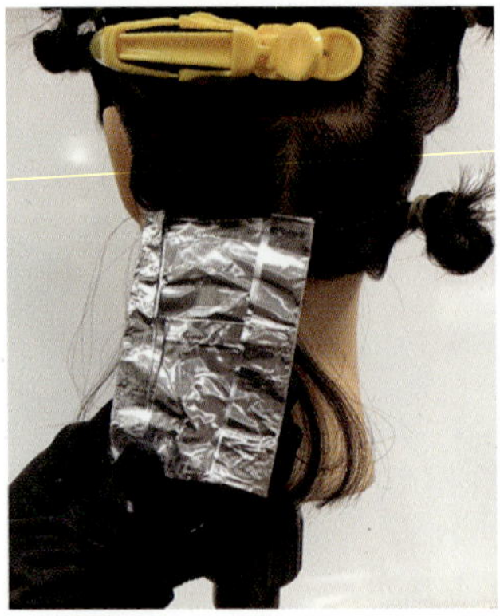

⑧ 포일의 양 쪽을 꼬리빗으로 눌러 접는다.

⑨ 포일워크가 끝난 후 페이스라인 쪽의 포일을 뒤로 넘겨 고객에게 불편함이 없도록 한다.

5 완성

5. 위빙 2 - 클래식 하이라이트

1 실기 전 기초 이론

(1) 클래식 하이라이트(Classic Highlight)

하이라이트 기법의 기본이 되는 패턴으로 위빙테크닉을 이용하여 시술한다. 전체 바탕이 되는 색상보다 밝은 염모제나 탈색제를 이용하여 부분적으로 밝은 염색을 하는 기법이다. 원톤의 염색보다 생기와 입체감을 줄 수 있으며 손상된 모발에 전체 염색이 주는 부담을 줄일 수 있고 얼룩이 있거나 전체 색이 다른 모발에 사용할 수 있다.

(2) 주의 사항

- 염모제가 골고루 균등하게 발색이 되어야 하므로 시술시간이 15~20분 이내에 빠르게 도포하여야 한다.
- 두피의 온도에 따라 발색이 잘 되는 곳과 안되는 곳을 알고 염모제의 양 조절 및 적절한 도포기법을 이용하여 시술하여야 한다.
- 염모제의 도포 기법이 옳지 못할 경우 결과에 영향을 미치므로 올바른 기법으로 도포하도록 한다.

2 실기 준비물

시술용 장갑, 앞치마, 염색보, 고객가운, 타올, 포일, 가발, 핀셋, 전자저울, 꼬리빗, 염모제, 산화제, 탈색제, 염색볼, 염색붓, 드라이기 등

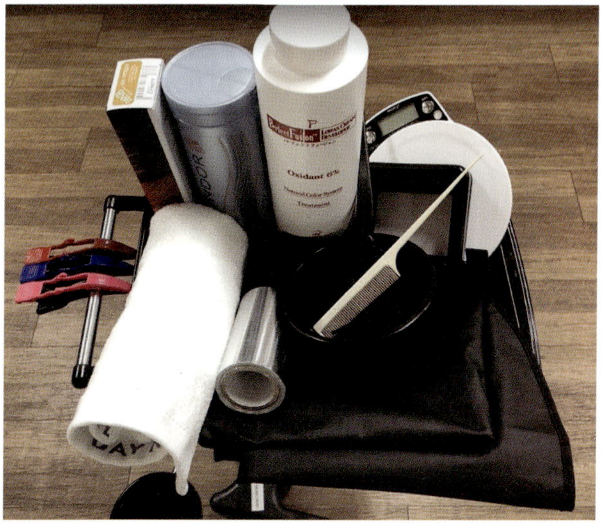

3 블로킹

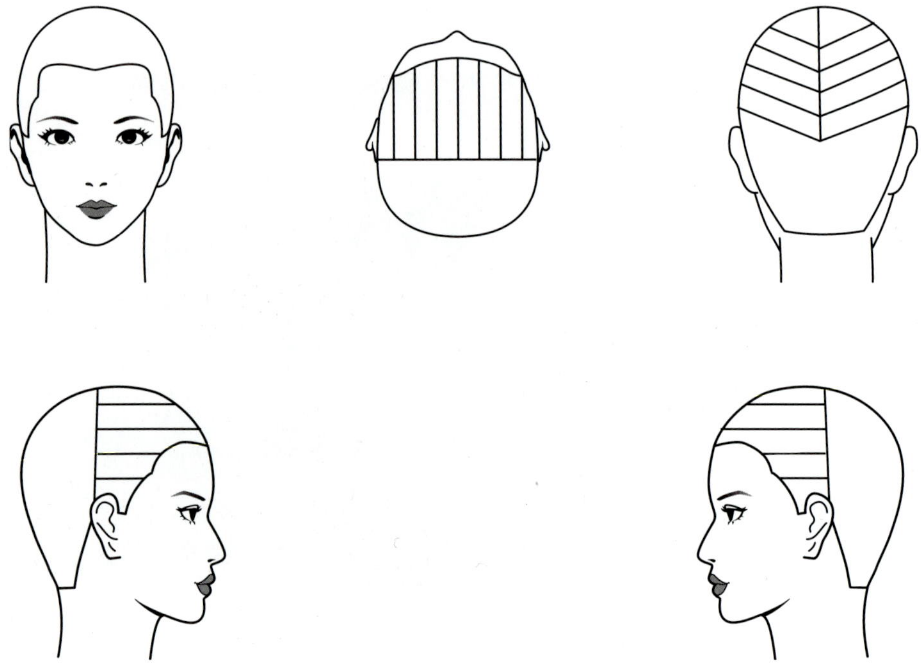

4 실기

① 센터파트와 이어투이어파트를 나눈다.

② 백에서부터 1 ~ 2cm 정도의 섹션을 나눈다.

③ 백에서부터 위로 올라가면서 호리존탈로 위빙을 뜬다.

④ 포일을 이용하여 위빙 기법을 활용 한다.

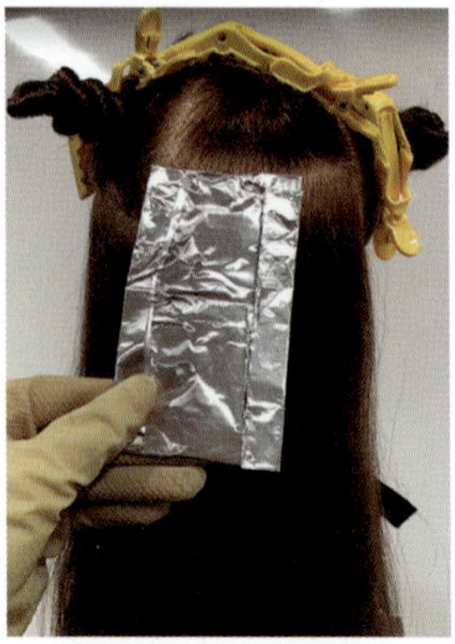

⑤ 자연방치 후 헹구어낸다.

5 완성

6. 위빙 3 - 헤링본 하이라이트

1 실기 전 기초 이론

(1) 헤링본 하이라이트(Herringbone Highlight)

헤링본은 청의의 뼈를 일컷는 단어로 헤링본 하이라이트는 두정부에 대각선이 만나게 섹션을 뜬 후 후두부와 사이드를 호리존탈 섹션을 떠서 하이라이트를 시술하는 방법이다. 이는 두상의 곡면을 이용하여 대각선 섹션을 활용하므로 얼굴이 작아보이는 효과를 볼 수 있으며 염색 후의 컬러가 자연스럽다. 또한 다른색과 조합 시 컬러의 배열이 조화롭게 어우러진다.

(2) 탈색의 원리

위빙을 시술할 때는 디자인의 의도에 따라 칩의 굵기를 다르게 하는데 시술 시 칩(Chip)이 크고 피치(Pitch)가 좁을수록 강조되어 보이며 굵고 어두운 모발에 효과적이다. 칩(Chip)이 작고 피치(Pitch)가 넓을수록 동화되어 보이며 가는 모질이나 웨이브 모발에 효과적이다.

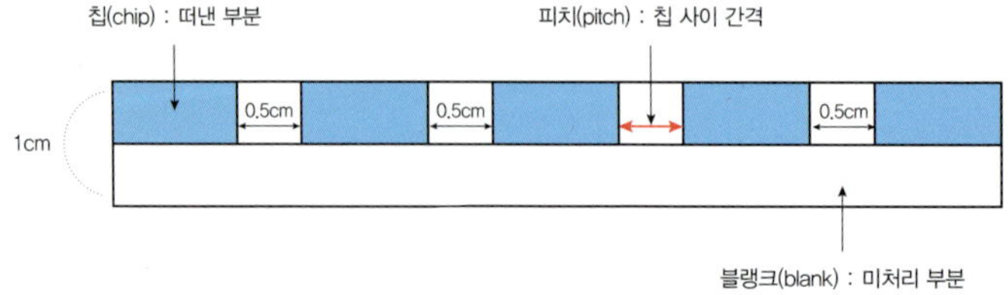

조화로운 효과(가는 위빙)

강조되는 효과(굵은 위빙)

(3) 주의 사항

- 헤링본 하이라이트는 베이스색상보다 밝은 컬러를 사용하므로 얼룩을 방지하기 위하여 염모제가 포일 밖으로 흘러내리지 않게 한다.
- 시술패턴이 대각선으로 센터에서 골덴백미디움포인트까지의 좌우의 슬라이스의 양쪽 대각선의 기울기가 같게 시술하고 대각선의 끝이 만나도록 시술한다.
- 고객과 상담 시 헤링본 패턴이 갖는 효과를 충분히 설명하고 시술한다.

2 실기 준비물

시술용 장갑, 앞치마, 염색보, 고객가운, 타올, 포일, 가발, 핀셋, 전자저울, 꼬리빗, 염모제, 산화제, 탈색제, 염색볼, 염색붓, 드라이기 등

3 블로킹

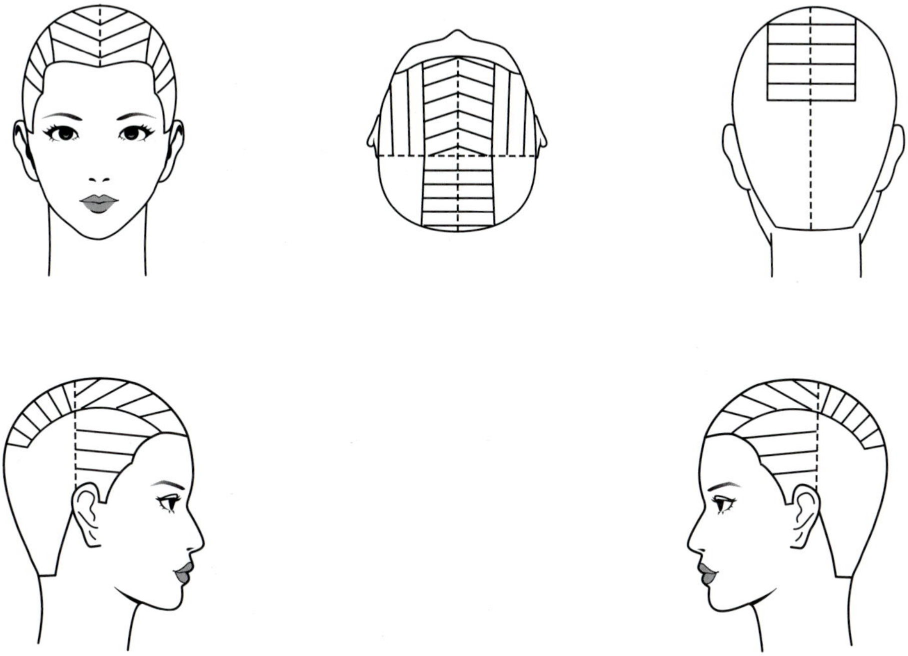

4 실기

① 센터파트와 이어투이어파트를 나눈다. 이 후 센터에서부터 골덴포인트까지 섹션을 나누고 폭 5 ~ 6cm의 블로킹을 나눈 후 전체적으로 헤링본 패턴에 맞는 블로킹을 탄다.

② 백에서 부터 사각형의 헤링본 블로킹을 타고 1cm정도의 슬라이싱을 한다.

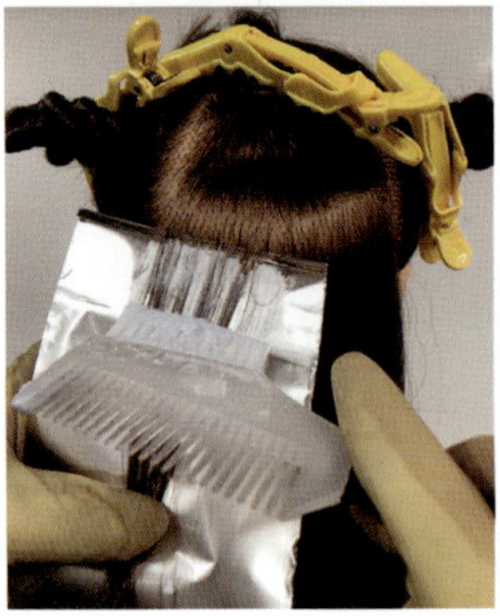

③ 백에서부터 위로 올라가면서 위빙을 뜬다.

④ 포일을 이용하여 위빙 기법을 활용 한다.

⑤ 탑센터에서 헤링본 섹션을 만들어 위빙한 뒤 자연방치 후 헹구어낸다.

5 완성

7. 존 섹션 테크닉

1 실기 전 기초 이론

(1) 존(Zone)

존의 크기나 형태가 일정하게 정해진 것이 아니기 때문에 원하는 부위에 원형, 사각형, 삼각형, 오각형, 별 등 스타일에 맞는 존을 선택해서 연출이 가능하다.

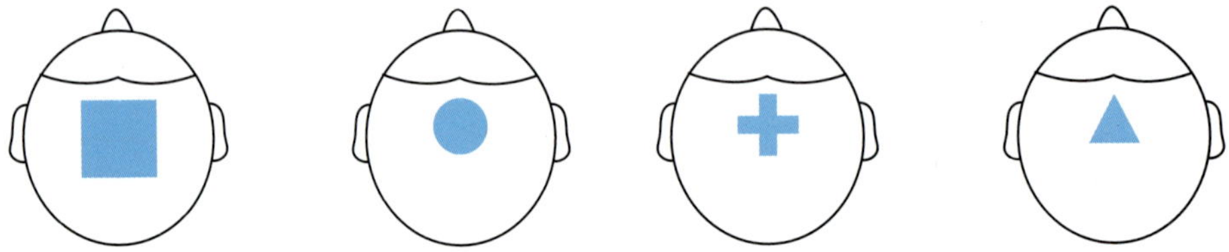

point

- 존 테크닉을 정용할 경우에는 색상의 조화를 예상하고 고객의 이미지에 맞는 컬러를 선택하는 것이 매우 중요하다.
- 고객의 피부톤이 붉은 빛의 계통일 경우 노란색의 색감으로 선정하여 시술하면 피부톤을 보정하는 효과를 줄 수 있다.

(2) 모량

존 테크닉은 일반적으로 빈약한 모발을 풍성하게 보이게 할 수 있는 장점을 지니고 있다. 하지만 존 테크닉은 구획을 나누어 적용하기 때문에 두피가 드러나 보이는 사람에게 적용하면 오히려 적은 모량을 강조하게 되는 경우도 있다. 그러므로 고객의 모량 파악이 매우 중요하며 두피가 드러나 보이는 고객에게는 밝은 컬러보다 6 ~ 7레벨의 네추럴 컬러로 적용하여 포인트를 표현하는 것이 좋다.

(3) 길이

커트에 따라 존 테크닉의 위치와 컬러를 다르게 적용해야 한다. 특히, 샤기나 울프커트 등 모발 길이의 단차가 큰 커트스타일이나 층이 없는 원랭스 커트의 경우 포인트 컬러가 잘 드러나 보이지 않아 결과가 제대로 표현되지 않는다. 이러한 경우에는 탑 부분 위주로 포인트 컬러를 부여하여 눈에 띄기 쉽게 해야 한다

단점을 보완, 장점을 부각시켜 세련된 이미지 연출	기본적인 멋내기 염색과 흰머리 컬러 시술은 살롱에서 가장 많이 활용되는 시술이지만 자칫 단조로워 보일 수 있다. 그러나 존테크닉을 이용한 컬러링 시술은 고객의 얼굴형과 이미지에 맞게 컬러의 밝기와 색상을 선택해 원하는 부분을 강조하거나 단점인 부분을 보완할 수 있어 보다 세련된 스타일 연출이 가능하다.
커트라인과 포인트의 결합으로 시너지 효과	롱, 미디움, 쇼트 등 다양한 커트 길이에 따라서 커트섹션의 위치를 파악한 후 원하는 위치에 시술하면 커트와 포인트를 접목시킨 결과를 얻을 수 있다. 커트이미지와 포인트컬러가 어우러져 스타일을 더욱 돋보이게 할 수 있다.
손쉽게 적용이 가능	존테크닉은 포인트컬러가 블록으로 크게 들어가기 때문에 실수할 경우 눈에 띄는 단점이 있지만, 테크닉의 크기나 형태, 컬러가 유동적이기 때문에 디자이너가 원하는 이미지를 가장 쉽고, 빠르게 연출할 수 있다.
반사빛 적용 등 보다 폭넓은 활용	포인트 연출 시 블리치제로만 연출하는 경우가 많다. 그러나 존테크닉을 이용하면 고객의 피부톤과 이미지에 맞춰 가장 적합하고 다양한 컬러 색상을 선택할 수 있으며 반사빛의 효과까지 얻을 수 있다.

(4) 얼굴형에 따른 존 테크닉

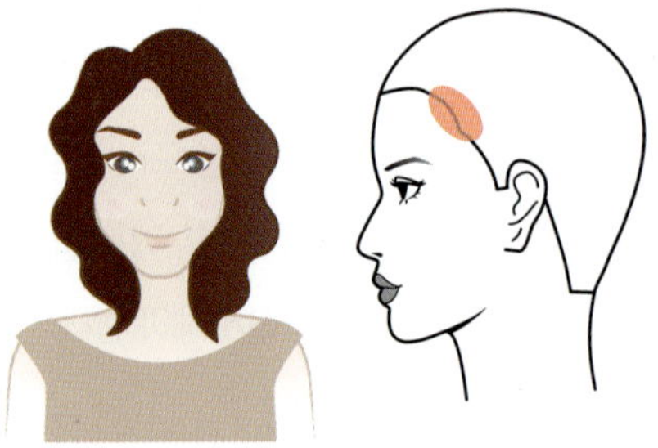

장방형 얼굴형

장방형 얼굴의 헤어컬러 적용 시에는 전체적으로 밝지 않은 중명도에 골드 계열을 선택하면 부드러운 이미지를 줄 수 있다. 특히 관자놀이 부분에 존 테크닉을 이용하여 하이라이트를 넣으면 가로선이 강조되어 긴 얼굴형이 커버되어 보인다.

마름모 얼굴형

마름모형 얼굴에 헤어컬러 적용 시에는 전체적으로 부드러운 중, 고명도에 밝고 선명한 골드, 애쉬 계열의 컬러를 선택하면 화려하면서도 세련된 느낌을 연출할 수 있다. 특히 전체적으로 고르게 하이라이트를 넣으면 화사함이 강조되어 얼굴형이 보다 부드럽게 보이는 효과를 얻을 수 있다.

둥근 얼굴형

둥근 얼굴형의 경우 헤어컬러 적용 시 전체적으로 저, 중명도에 차분한 쿠퍼 마호가니 계열을 선택하면 자칫 둥글고 커 보일 수 있는 얼굴형을 커버할 수 있다. 특히 얼굴 위쪽 이마 부분에 하이라이트를 넣고 밑으로 내려올수록 서서히 어둡게 연출하면 둥근 부분이 커버되어 갸름한 인상을 준다.

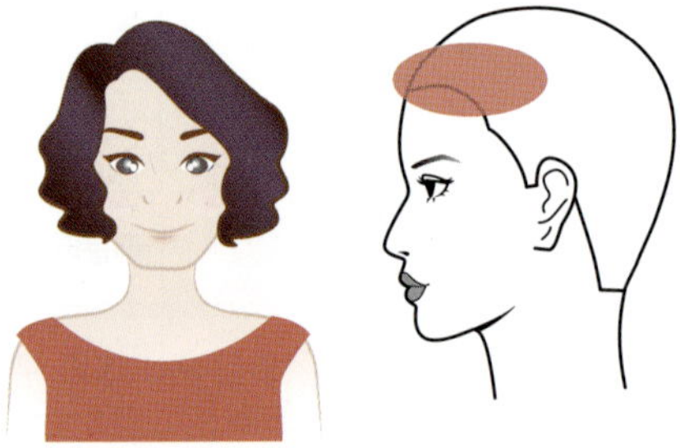

사각형 얼굴형

전체적으로 차분한 밝기의 저, 중명도를 선택하고 밝지 않은 바이올렉, 마호가니 계열을 헤어컬러로 적용시키면 얼굴라인이 다소 작아 보이는 효과를 얻을 수 있다. 사각형 얼굴은 때로 얼굴이 커 보이므로 이마에 존테크닉을 이용하여 넓게 하이라이트를 넣으면 볼륨감이 생겨 전체적으로 약간 길어 보이는 느낌을 줄 수 있다. 단, 너무 밝으면 오히려 얼굴이 커 보일 수 있으므로 턱 라인의 인상을 약하게 하는 정도의 이미지가 이상적이다.

2 실기 준비물

시술용 장갑, 앞치마, 염색보, 고객가운, 타올, 포일, 가발, 핀셋, 전자저울, 꼬리빗, 염모제, 산화제, 탈색제, 염색볼, 염색붓, 드라이기 등

3 블로킹

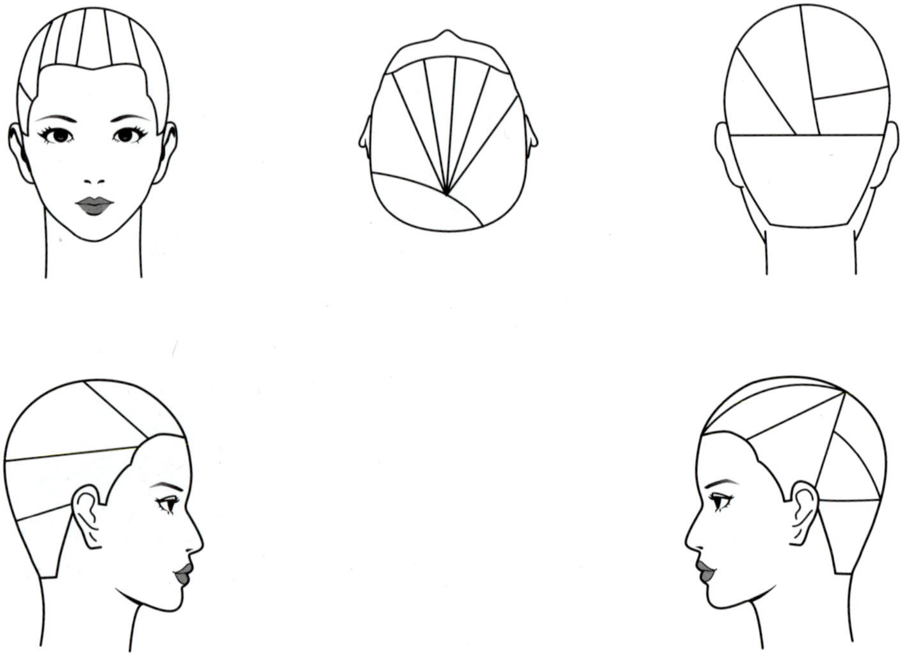

4 실기

① 상담 내용을 토대로 디자인한 스타일에 필요한 염모제를 제조한다.

② 각 존마다 어울리는 컬러를 도포하여 준다.

③ 한 존의 염모제를 다른 존에 묻지 않도록 주의하며 도포하여 준다. 도포가 끝나면 랩을 이용하여 다른 존에 염모제가 묻지 않도록 감싸준다.

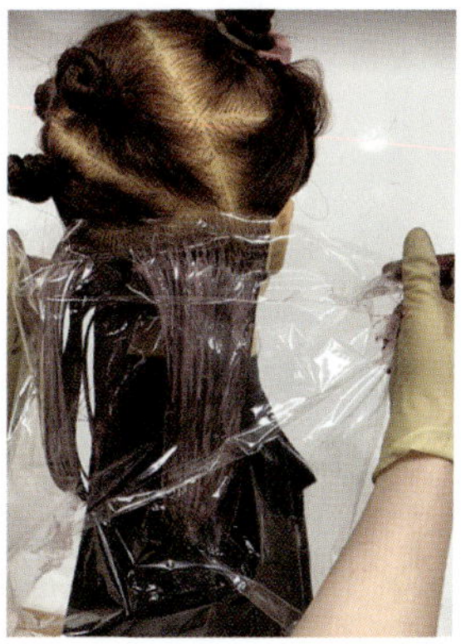

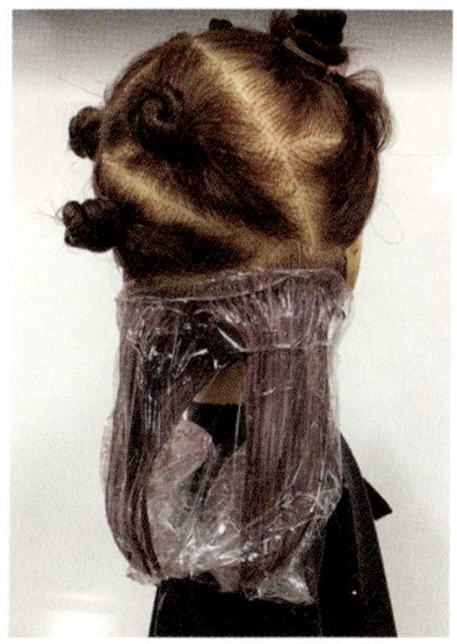

8. 그라데이션

1 실기 전 기초 이론

(1) 그라데이션

그라데이션(Gradation)은 밝은 부분부터 어두운 부분까지 점진적으로 변화해 가는 농도의 단계를 표시하는 것을 말한다.

헤어 컬러에서의 그라데이션은 밝은 색과 어두운 색의 변화 뿐만 아니라 각기 다른 색이 점진적으로 변화되어 가는 과정을 모발에 표현하는 것을 말한다.

2 실기 준비물

시술용 장갑, 앞치마, 염색보, 고객가운, 타올, 포일, 가발, 핀셋, 전자저울, 꼬리빗, 염모제, 산화제, 탈색제, 염색볼, 염색붓, 드라이기 등

3 실기

① 상담 내용을 토대로 디자인한 스타일에 필요한 염모제 or 매니큐어를 제조한다.

② 그라데이션을 적용할 부위에 슬라이스를 뜬다.

③ 선택한 판넬 아래에 포일 또는 컬러 페이퍼를 댄다.

④ 염모제 or 매니큐어를 밝은색부터 어두운 색으로 차례로 발라준다. 전체 디자인에 맞게 시술한다.

⑤ 포일의 길이를 반으로 접고 양옆을 1cm씩 접어준다. 다음 슬라이스를 잡아 계속 반복 시술하여 준다.

⑥ 마지막 스트랜드까지 염모제를 도포 하여 시술을 마무리하고 발색이 될 때까지 자연방치한다.

9. 발레아쥬 1 - 옴브레

1 실기 전 기초 이론

(1) 그라데이션

발레아쥬는 프랑스 말로 '빗자루로 쓸다'라는 의미하며 헤어 컬러에서는 선적인 느낌을 말한다. 옹브레는 위에서 아래로 갈수록 서서히 밝아지는 스타일을 말한다.

옴므레 발레아쥬는 모발 끝에 하이라이트를 주어 모발 위아래의 차이를 부여하며 선적인 느낌을 연출하는 기법이다. 염색 시술은 모발 아래에서 위쪽으로 시술하여 길이에 따라 모발의 레벨 및 색상차이가 자연스럽게 난다.

아래쪽의 모발이 밝고 위쪽으로 올라갈수록 어두운 부분 간의 격차가 크게 나며 브러쉬를 세워서 시술하여 세로 라인의 높이가 섞이게 시술한다. 테크닉을 빠르게 시행할 수 있으며 바탕 레벨에 따라 산화염모제와 산성염모제를 활용하여 다양한 컬러를 표현 할 수 있어 모발의 움직임과 생기를 부여한다.

(2) 주의사항

- 시술 전 고객과의 상담을 통해 염색력을 확인한다.
- 화학제품은 신체에 영향을 줄 수 있으므로 주의한다.
- 수시로 환기를 시킨다.
- 약 도포가 필요없는 모발에 약제가 묻지 않도록 주의한다.

(3) 도포방법

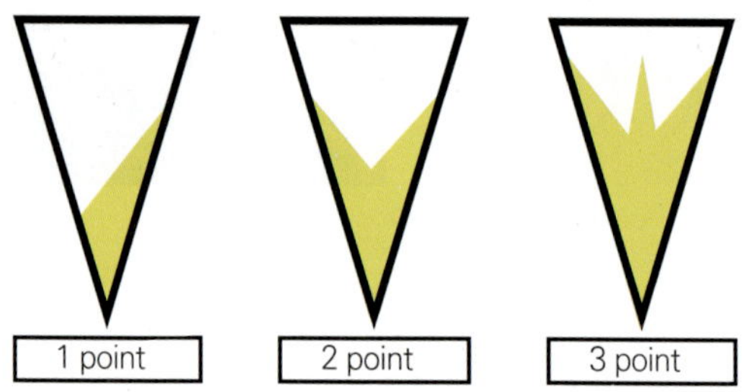

모발의 한쪽 면만 디자인할 때 사용하며 네이프나 좁은 패널에 효과적이다. 컬러의 방향을 한쪽으로 강조하거나 부분적으로 자연스러운 흐름을 줄 때 적합하다.	양쪽으로 포인트를 주어 디자인하는 방식으로 가장 많이 활용되는 도포 방법이다. 주로 센터에서 사용되며 좌우 균형을 맞춰 전체적으로 조화를 이루기 좋다.	양족을 높게 가져가면서 중간에 한 지점을 더 올려 W자를 만든다. 넓은 영역에 하이라이트를 넣을 때 사용하며 모발에 풍성함과 입체감을 주기 좋다.

2 실기 준비물

시술용 장갑, 앞치마, 염색보, 고객가운, 타올, 포일, 가발, 핀셋, 전자저울, 꼬리빗, 염모제, 산화제, 탈색제, 염색볼, 염색붓, 드라이기 등

3 실기

① 4블로킹을 나눈 후 1cm의 슬라이스를 뜬다.

② 모발 끝쪽에 탈색제를 도포 하여 스트랜드를 포일에 고정시켜 준다.

③ 스트랜드의 양쪽에 얇게 탈색제를 도포하여 준다.

④ 도포 후 모습

⑤ 계속 동일한 방법으로 전체 시술하여 준다.

⑥ 마지막 스트랜드까지 탈색제를 도포 하고 시술을 마무리 해준다.

⑦ 상담 내용을 토대로 디자인한 스타일에 필요한 염모제를 제조한다.

⑧ 열기구 15분, 방치 10분 후 스트랜드의 발색을 확인한 뒤 세척(샴푸)한다.

4 완성

앞

뒤

좌

우

10. 발레아쥬 2 - 솜브레

1 실기 전 기초 이론

(1) 솜브레 발레아쥬(Sombre Valerie)

솜브레 발레아쥬란 기존 발레아쥬 기법 + 메쉬 기법이 합쳐진 스타일을 말한다.

기존의 위아래 명암의 차이를 주는 발레아쥬 기법에서 메쉬 기법이 추가되다 보니 선적인 느낌 뿐만 아니라 전체적인 하이라이트의 명암 차이가 느껴져 자연스러운 느낌이 연출되는 스타일이다.

옴브레 발레아쥬의 유행으로 스타일이 보편화 되면서 고객들이 새로운 스타일을 요구하게 되었고 솜브레 발레아쥬가 생겨나게 되었다.

2 실기 준비물

시술용 장갑, 앞치마, 염색보, 고객가운, 타올, 포일, 가발, 핀셋, 전자저울, 꼬리빗, 염모제, 산화제, 탈색제, 염색볼, 염색붓, 드라이기 등

3 실기

① 4블로킹을 나눈 후 1cm의 슬라이스를 뜬다.

② 선택한 판넬 아래에 포일 또는 컬러 페이퍼를 댄다.

③ 염색 브러쉬를 세워서 선을 그리며 하이라이트를 준다.

④ 마지막 스트랜드까지 탈색제를 도포 하고 시술을 마무리 해준다.

11. 발레아쥬 3 - 에어터치

1 실기 전 기초 이론

(1) 에어터치(Air Touch)

에어터치는 모발의 스트랜드를 잡은 상태에서 드라이어의 바람을 이용해 짧은 모발은 자연스럽게 빠져나가고 남아 있는 긴 모발을 나눈 후 남아 있는 모발에 염모제나 탈색제를 도포하는 기법이다.

이는 기존의 위빙이나 슬라이싱처럼 기계적으로 모발을 나누는 방식과 다르게 바람에 의해 짧은 모발과 긴 모발이 위아래로 분리되어 뿌리 부분이 자연스럽게 연결되고, 가로 선이 생기지 않아 부드럽고 자연스러운 그라데이션을 만든다.

에어터치는 모발의 양감 조절과 명암대비를 자연스럽게 줄 수 있으며, 특히 뿌리 쪽은 어둡고 끝으로 갈수록 밝아지는 그라데이션 컬러를 표현하여 입체감 있는 디자인을 표현할 수 있다.

2 실기 준비물

시술용 장갑, 앞치마, 염색보, 고객가운, 타올, 포일, 가발, 핀셋, 전자저울, 꼬리빗, 염모제, 산화제, 탈색제, 염색볼, 염색붓, 드라이기

3 실기

① 블로킹을 나눈 후 1~2cm의 두께로 슬라이스를 뜬다.

② 드라이어를 스트랜드의 모근 위쪽에 위치시키고 바람을 쐬어준다.

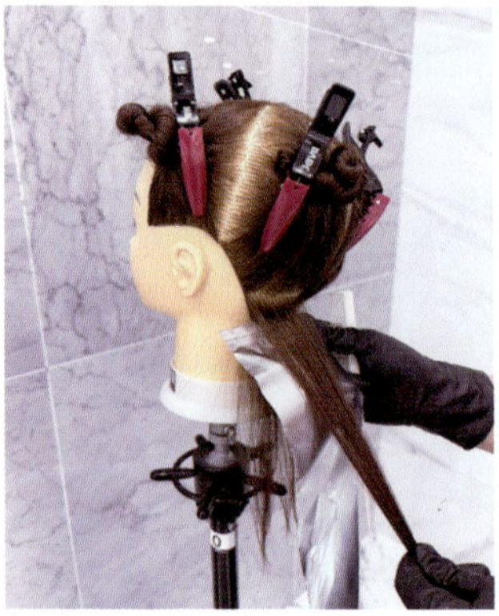

③ 바람에 날아간 짧은 모발과 남은 긴 모발을 분리한다.

④ 남은 긴 모발 아래에 포일을 받친 뒤 염모제나 탈색제를 도포하고 호일링한다.

⑤ 동일한 방법으로 전체 시술하고 모발의 상태와 원하는 밝기에 따라 적정 시간 동안 방치한 후 헹궈낸다.

⑥ 디자인에 따라 탈색된 모발에 원하는 컬러를 입히는 토닝 작업이나 염색을 진행하여 최종적인 색감을 부여하거나 뿌리 부분에 톤 다운을 위한 섀도우 작업을 할 수 있다.

4 완성

12. 콤 테크닉

1 실기 전 기초 이론

(1) 콤 테크닉(Comb Technic)

위빙기법을 보다 빠르게 하기 위해 브러쉬 대신 빗에 염모제나 탈색제를 묻혀 모발 가닥만 빗어내리면서 도포하는 기법이다.

브러쉬의 꼬리로 가닥가닥을 떠내는 시간이 필요 없기 때문에 시간이 많이 단축되는 장점이 있지만 균일한 작업이 어려워 작업에 주의를 요한다.

빠른 시간 안에 작업을 해야 할 경우에 사용한다.

빗을 세우는 각도에 따라 도포 량이 달라지게 되므로 주의해서 작업한다.

붓의 각도에 따른 도포량

각도	도포량
90° ↕ 0°	적음 ↕ 많음

4 Chapter 헤어살롱컬러

1. 헤어 컬러 상담

1 실기 전 기초 이론

(1) 상담이란?

각종 산업에서 고객이 전문가와의 커뮤니케이션을 통해 조언을 얻는 과정을 의미한다.

헤어컬러 디자인을 위한 상담

- 디자이너는 고객으로부터 믿음을 얻어야 한다.
- 고객의 모발상태를 너무 비관적으로 생각지 말아야 하며, 만약 문제가 매우 심각하다고 느끼면 시술이 어렵다는 것을 고객에게 이야기해야 한다.
- 고객의 개성을 빨리 파악하여 상담을 어떻게 해야 할 것인지 결정해야 한다.
- 정확한 고객의 상태를 측정하여 현재의 문제점과 효율적인 디자인의 필요성을 인지시켜 준다.
- 고객이 자신의 상태를 정확히 파악할 수 있도록 충분한 상담을 통해 관리가 이루어져야 한다.

상담의 이점

고객의 입장

- 자신의 희망사항이나 요구조건이 충분히 전달될 수 있다.
- 서비스 제공자의 시술에 대한 이해가 빨라지고 자신에게 맞는 관리에 대한 조언을 받을 수 있다.
- 관리 후 상태를 예상할 수 있어 안심하고 시술을 받게 된다.

디자이너의 입장

- 고객을 납득시켜 신뢰감 속에 시술하므로 자신의 기술에 대한 어필이 가능하다.
- 시술 중 고객과의 커뮤니케이션의 질이 향상된다.
- 대화 중 매출과 관련된 사항의 접근이 용이하다.
- 효율적인 작업이 가능하므로 스피디한 시술이 용이하다.
- 고객 클레임이 최소화된다.

성공적인 상담을 위한 고려사항

- 전문가적인 지식 : 모발이론, 색채이론, 디자인이론 등 전문가적 이론을 우선적으로 갖추고 있어야 한다.
- 답변시에는 고객이 이해하기 쉬운 용어나 단어를 사용하며 지나치게 전문적이 용어나 설명은 피한다.
- 고객의 연령이나 사회·문화적 배경을 고려해야 한다.
- 자신이 잘 모르는 상황에 대해서는 솔직한 답변과 함께 정확한 답변을 다시 알려드리겠다는 명쾌한 대안을 제시해야 한다.

고객의 심리분석

고객마다 가지고 있는 성향과 기질이 다르다. 고객이 권위적인지 보수적인지, 우호적인지 비판적인지에 따라 권유하게 되는스타일도 달라져야 한다.

- 고객성향을 분석과 더불어 기본적인 커뮤니케이션 기법과 이미지 메이킹, 그리고 자기감성조절 등은 카운슬러가 갖춰야 할 기본적인 요소라 할 수 있다.

상담의 5단계

첫인상 탐구 → 내면적, 외면적 부분탐구 → 이미지 구성 → 전문가적 디자인 → 재확인

첫인상의 탐구

- 고객의 첫 이미지를 순간적으로 파악한다.
- 그 요소로는 고객의 옷차림, 자세, 말씨, 헤어스타일 등을 참고로 하게 된다.
- 첫 이미지의 파악으로 카운슬러는 이미 자신이 응대해야 할 스타일을 마음으로 결정하게된다.
- 특히 젊은 고객의 경우 심리적으로 위축되어 있는 모습을 첫인상에서 파악할 수 있어야 한다.

내면적 · 외관적 부분 탐구

- 본격적인 상담에 들어가면 고객이 어떤 모습이 되기를 원하는지 추상적인 것을 구체화시키는 작업이다.
- 내면적으로는 고객의 성향과 심리상태를 파악해야 하며 외면적으로는 고객의 인상과 현재 디자인이나 컬러상태 등을 판단한다.
- 고객이 잘못된 상식으로 오류에 빠져 있다면 가능한 전문가적 지식과 여러 가지 대안으로 고객을 설득시켜야 한다.

이미지 구성

- 1, 2단계의 분석으로 고객의 타입과 진단을 파악하는 과정이 끝나고 나면 정보를 조합하고 최종적인 관리를 결정한다.
- 고객과 상담을 통해 서로 다른 스타일로 오해하여 이해하고 있지 않도록 확인하는 과정이 필요하다.
- 이에 태블릿 pc나 포트폴리오 등 시각적인 이미지를 이용하는 것도 좋은 방법이다.

전문가적 디자인

- 고객의 상태와 이미지에 맞춰 결정된 디자인에 대한 시술 내용을 설명한다.
- 시술 시간이나 제품, 기기 등에 대한 설명도 곁들이도록 한다.

재확인

- 시술 전 재확인 절차로 고객이 먼저 재확인하는 경우도 많다.
- 디자이너는 고객성향에 맞춰 시술 과정과 사용 제품 등을 재확인시키며 홈 케어에 대한 조언도 곁들이면 고객이 한층 신뢰하게 된다.

(2) 염모제의 시술 계획

디자이너들은 고객이 원하는 색상을 표현하기 위한 요인으로서 충분한 시간을 갖고 고객과 상담함으로써 고객이 확신을 갖고 신뢰할 수 있게 하며 고객의 모발 상태를 이해하고 염색에 있어서 무엇이 최선의 선택인지를 이해하기 위해 가능하면 고객의 모발 색상을 정확하게 분석할 수 있는 한 경우로서 하얀 벽 또는 중성적인 색으로서 조명이 밝고 색이 정확하게 보이는 곳을 상담장소로서 택한다.

상담실에는 염모제의 제품 교육 자료나, 모발색상 컬러차트, 분석카드 등을 통해 모발의 명도 단계와 색조를 판단할 수 있는 보조기구들을 비치함으로서 고객과 컬러 시술자 사이의 관념적인 색상을 표출함으로써 확신하고 신뢰할 수 있게 한다. 성공적인 모발 염색 시술을 하기 위해서는 미용사가 정해진 절차에 따라 일을 해야 한다. 시술계획은 염색시술에 필요한 재료와 도구를 포함하여, 사용할 제품에 대한 정확한 지식을 갖춰야 한다.

각 고객의 염색 시술에 대한 계속적인 기록을 작성하여 보관해야 한다.

point

색의 선택에 있어서 미용사는 고객의 의사를 확실하게 이해하고 앞으로 시술하고자 하는 결과에 대해 정확한 지식과 기술을 가지고 있어야 한다.

- 고객과 시술자는 현재의 모발 상태를 이해해야 한다.
- 무슨 이미지를 원하는가?
- 무슨 색상의 변화를 원하는가?
- 무엇을 사용할 것인가?

이러한 질문의 정확한 답의 결정을 위해서 다음의 것들을 확인한다.

- 자연 모발색과 등급(Level), 몇 퍼센트의 흰머리
- 원하는 모발의 등급(Level)과 톤(Tone)
- 모발색의 원하는 등급에 맞는 정확한 등급(Level)의 계산과 원하는 색의 색조(Shade)와 과산화물의 산화제(Volume)를 맞춘다.

염색 기록 카드 보관

자세한 기록을 남겨서 성공적인 시술을 할 수 있도록 하는 것과, 한번 겪은 어려움이 있다면, 다음에는 피할 수 있도록 하는 것이 매우 중요하다. 이러한 자세한 기록은 모든 분석결과, 모발가닥 검사(Strand Test), 모발 전체 염색결과, 시술시간, 다음 시술에 참고할 만한 내용들을 포함한다.

(3) 피부 톤에 어울리는 헤어컬러

노란톤

BEST 금색이나 밝은 갈색, 올리브 브라운, 오렌지 브라운 같은 따뜻한 계열

WORST 선명한 레드계열, 에쉬컬러나 푸른빛이 도는 블랙

붉은톤

BEST 구리빛, 에쉬 브라운, 매트 브라운, 카키 브라운

WORST 골드 브라운, 너무 밝은 노란색 계열

하얀톤

WARM 레드, 브라운 컬러

COOL 애시핑크, 블루, 바이올렛 컬러

검은톤

BEST 초콜릿 브라운, 라이트 브라운 등의 미디엄 컬러

WORST 밝은 노란색 계열 및 오렌지 컬러

노란톤

노란빛을 커버해 피부를 하얗게 보이도록 만드는 것이 중요! 피부톤과 비슷한 노란색 컬러는 안색을 어둡게 만든다.

하얀톤

차가운 인상을 보완하는 따뜻한 컬러, 시크한 느낌을 주는 쿨 컬러 모두 두루 잘 어울린다.

붉은톤

얼굴색과 모발색을 보색 관계로 만드는 푸른 계열과 붉은기를 더 도드라지게 만드는 핑크 계열은 피하자.

Tip

메이크업으로 붉은기를 충분히 가려줄 수 있을 때에는 핑크 계열까지는 활용 가능!

검은톤

너무 밝거나, 어두운 컬러는 피부를 더욱 어두워 보이게 하지만 미디엄 컬러는 화사한 느낌을 준다.

(4) 얼굴형에 맞는 헤어컬러 디자인

둥근 얼굴형

두상의 톱 부분에 하이라이팅 컬러를 넣어 주면 시선을 분산시켜 동그란 얼굴을 보완할 수 있다. 반대로 페이스 라인 쪽으로 가까워지는 부분은 점점 어두워지게끔 셰이딩 컬러를 입히면 얼굴형이 갸름해 보인다.

앞머리에 볼륨감을 주어 높이를 강조해 세로 라인을 강조하는 것이 좋으며, 레이어를 주어 시선을 분산시키는 방법도 있다. 컬러는 전체의 베이스 컬러보다 3톤 이상 밝게 앞머리 및 정수리 부근에 하이라이트를 주면 입체감 있으면서 세로로 길어 보이는 효과를 볼 수 있다.

둥근 얼굴형의 경우 위쪽이나 아래쪽에 시선을 주어 얼굴이 갸름해 보일 수 있도록 하면 좋은데 이때 옴브레 테크닉을 이용해 밝게 그라데이션하고 앞머리 쪽에서 싱글 컨투어링을 이용해 자연스럽게 흐르는 듯한 느낌을 준다면 달걀형에 가까워 보인다.

역삼각형 얼굴

두상의 톱 부분부터 광대 윗부분까지는 어둡게 셰이딩 해준 뒤, 아랫부분은 두 톤 이상 밝은 컬러로 점차 밝아지도록 하이라이팅 해준다. 볼 부분이 볼륨감 있어 보이는 효과가 있다.

역삼각형 얼굴의 취약한 부분인 턱선에 볼륨감과 컬을 형성해서 풍성함을 주고 앞머리 라인을 가운데부터 광대뼈 라인까지 사선으로 커트해주고 약간의 컬을 만들어주면 역삼각형 얼굴을 커버할 수 있다. 전체적인 느낌은 얼굴형과 반대로 삼각형 실루엣을 만들어준다. 컬러는 삼각형 커트 실루엣에 모발 끝에 밝게 하이라이트 염색(옴브레)을 해주면 마찬가지로 색이 팽창되어 보이는 느낌으로 인해 역삼각형 얼굴이 완화되어 보이는 효과가 있다.

넓은 이마에 비해 날렵한 턱 선이 날카롭고 차가운 이미지를 줄 수 있으므로 부드러운 이미지를 위해 앞머리에 가벼운 층과 전체적인 레이어를 적당히 주고 웨이브를 넣어 턱 부분에 풍성한 느낌을 주는 것이 좋다. 바가지 머리도 잘 어울린다. 따뜻하고 부드러운 이미지를 주기 위해 차가운색 계열보다는 따뜻한색 계열인 레드 또는 옐로 컬러를 추천하고 하이 레벨 컬러보다는 중·저명도의 컬러를 추천한다. 머리가 길다면 언더라인이 어두운 투톤 컬러도 좋다.

역삼각형 얼굴형의 경우 턱 쪽으로 시선을 주어 얼굴이 달걀형에 가까워 보일 수 있도록 목 뒤쪽 및 귀 위 라인은 밝은 컬러를 사용하고 정수리 부분의 경우 어두운 컬러를 사용해준다. 시크릿 컬러라고도 불리며 머리를 묶었을 때 색다른 느낌을 줄 수 있다.

각진 사각형 얼굴

두상 톱 부분부터 광대 윗부분까지 어둡게, 아랫부분부터는 밝게 그라데이션 해주는 것이 좋다. 이때, 페이스 라인은 베이스 컬러보다 두 톤 정도 더 어둡게 입혀주는 것이 포인트! 각진 부분에 그림자 효과를 주어 갸름해 보이는 효과를 줄 수 있다.

똑 떨어지는 느낌보다는 레이어가 있고, 모발이 부드럽고 랜덤한 느낌의 디자인이 사각 얼굴형의 시선을 분산시키는 효과가 있다. 사각형은 다소 평면적으로 보일 수 있기 때문에 약간의 컬감으로 입체적인 디자인을 만드는 것이 좋다. 컬러는 베이스 컬러와 하이라이트의 명도 차이를 3레벨 이상으로 확실하게 하되 모발에 백콤-볼륨을 더해주고 방향을 유도할 때 머리다발을 들어 올려 빗으로 밀어 넣는 동작, 한복 올림머리할 때 주로 사용-을 넣어 하이라이트 컬러를 하는 기법을 활용해서 랜덤하지만 조화롭게 입체감을 줄 수 있는 컬러를 하는 것이 좋다.

긴 얼굴형

페이스라인 부분에 하이라이팅 컬러로 밝혀주는 것이 포인트다. 긴 얼굴형에는 턱선 아래 정도의 단발이 얼굴을 짧아 보이게 하지만 머리가 길 경우, 턱선 아래로는 톤 다운된 컬러로 그라데이션해 얼굴형을 짧아 보이게 하는 것이 좋다.

앞머리를 만들면 세로로 길어 보이는 것을 방지할 수 있으며, 옆쪽 모발을 둥글게 디자인하거나 컬을 만들어 볼륨감을 형성하면 길어 보이는 느낌을 완화할 수 있다. 컬러는 얼굴 라인 옆 부분을 베이스 컬러보다 조금 더 밝게 표현하면, 세로보다는 가로로 팽창되어 보이는 느낌이 있어서 길어 보이는 얼굴형을 커버할 수 있다.

긴 머리의 경우 층을 많이 낸다면 더 얼굴이 길어 보일 수 있으므로 얼굴형을 고려해 시선을 분산시키는 커트와 가벼운 레이어와 질감 처리, 적절한 볼륨감이 필수이다. 컬러가 밝아야 시선이 분산되어 긴 얼굴의 단점을 커버할 수 있다.

(5) 컬러 연출에 따른 헤어컬러 테크닉

그라데이션

두 가지 이상의 컬러 조합으로 염색했을 때, 모발의 경계선이 뚜렷이 구분되지 않도록 자연스럽게 그라데이션 되는 스타일을 말한다.

브릿지

어두운 컬러를 베이직 컬러로 덮은 뒤 포인트 컬러를 브릿지로 표현하거나, 밝은 헤어로 모발 전체를 입힌 뒤 밝은 탈색 머리를 가닥가닥 하이라이트를 주어 입체감을 살릴 수도 있다.

옴브레 / 시크릿 투톤

모발의 섹션을 나눠 뚜렷한 차이를 둔 투톤 스타일링 법과 모발 안쪽은 밝게 포인트 주고, 겉에 덮이는 헤어 컬러는 어둡도록 연출한 시크릿 투톤 스타일링도 있다. 섹션의 위치와 모발의 정도, 컬러 매칭에 따라 다양한 스타일을 연출할 수 있다.

3가지 이상 포인트 컬러

포인트 컬러를 3개 이상 사용하여 자유롭게 변형한 과감한 스타일. 컬러의 조합이 맞도록 색을 섞는가 하면 일부러 얼룩덜룩하게 연출해 펑키하면서도 빈티지한 느낌을 살리기도 한다.

2 실기 준비물

고객, 헤어 컬러 차트, 고객 카드, 핀컬핀, 필기구 등

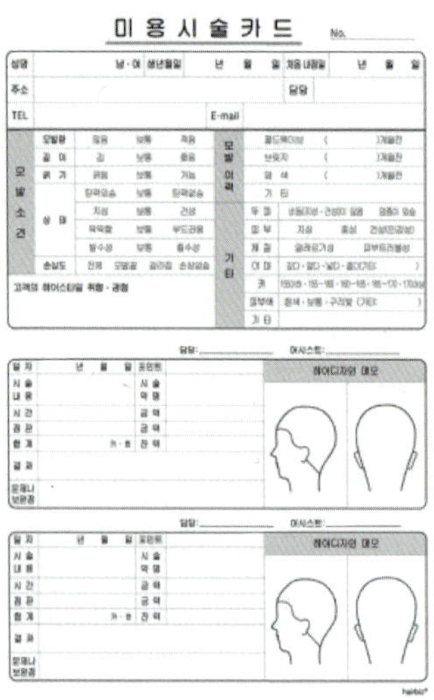

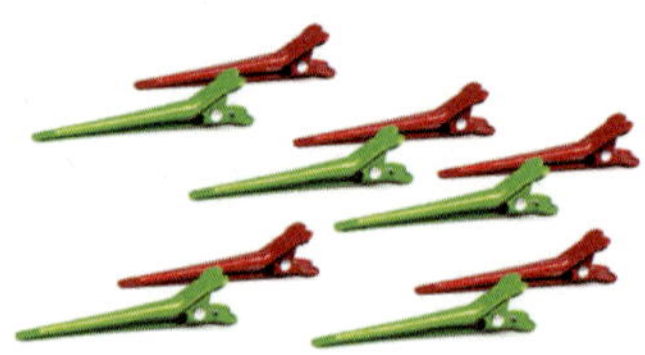

3 실기 - 상담 기법 : 선호 컬러와 비선호 컬러

① 고객과의 고객차트 상담을 진행한다.

② 고객 차트 상담이 끝나면 헤어 컬러 차트와 파란색 핀컬핀 8개, 빨간색 핀컬핀 8개를 준비한다.

③ 컬러차트에 고객에게 좋아하는 컬러와 싫어하는 컬러를 핀컬핀으로 5개 이상씩 선택하게 한다.

- 빨간색 핀컬핀 : 싫어하는 컬러
- 파란색 핀컬핀 : 좋아하는 컬러

④ 고객의 선택이 끝나면 왜 이 컬러를 좋아하는지 왜 이 컬러를 싫어하는지에 대한 이유를 물어본다,
특이사항이 있으 경우 고객차트에 추가 표기한다.

⑤ 고객의 요구조건을 확인하고 재확인한다.

2. 퍼스널 컬러

1 실기 전 기초 이론

(1) 퍼스널 컬러

퍼스널 컬러는 배색을 기본 원리로 한다.

배색이란, 두 가지 이상의 색을 배열하는 것을 의미하는데 배열된 색들은 배열 목적에 맞는 효과가 나타나도록 조화를 이루어야 한다. 각각의 색에는 고유성이 존재한다. 그러나 색은 독자적 고유성만으로 지각되기보다는, 인접한 색과 얼마나 조화로운가를 기준으로 아름다운 색인지 추한 색인지 결정된다. 따라서 여러 색을 배열하는 배색은 신중하게 이루어져야 한다. 아름답게 이루어진 배색으로 미적인 효과가 극대화되는 것을 '배색효과'라고 한다.

색상 간격이 유사한 조화(약한 대비)

12가지 색의 색상환에서, 1 ~ 2칸의 범위 이내로 색상차가 이루어지는 색은 서로 조화를 이룬다.

이색 조화(중간 대비)

12가지 색의 색상환에서, 3 ~ 4칸의 범위내에서 색상차가 이루어지는 색은 서로 조화를 이룬다.

반대 조화(강한 대비, 보색 조화)

12가지 색의 색상환에서, 6칸 이상의 색상차가 이루어지는 색은 서로 조화를 이룬다. 이 때, 색상환에서 서로 가장 멀리 떨어져 있는 두 색을 보색이라고 한다. 보색끼리 이웃하여 배열하면 뚜렷한 대비 효과로 색이 더 선명하게 보인다.

(2) 계절 컬러

봄

봄 유형은 대부분 온화하고 부드러운 것이 특징이며, 따뜻한 톤을 지니고 있다. 얼굴색은 맑은 노란빛을 띠고 있다. 대부분의 눈동자 색은 푸른색 또는 녹색(아쿠아 그린), 골든 갈색이다. 머리카락 색은 따뜻하고 부드러운 느낌을 주는 갈색으로 전체적인 이미지는 발랄하고, 젊으며, 따뜻하고 밝은 투명한 이미지를 가지고 있다. 어울리는 색상은 명도는 높고 채도는 낮은 밝고 생기있는 톤으로, 아이보리, 애프리컷, 파스텔 옐로 그린, 피치, 라이트 웜 아쿠아 등의 기본적으로 노란색이 가미된 컬러이다. 흰 빛과 푸른 빛이 감도는 색상과 찬 느낌의 무겁고 칙칙한 색, 한색 계열, 무채색, 은색, 와인색 등은 피해야 한다.

여름

여름 유형은 흰색이 기본 색상이라고 할 수 있다. 이미지는 차가우면서도 부드러운 느낌을 겸비한 이지적인 분위기로 친근감을 준다. 계절적으로 시각적인 시원함을 가지고 있다. 얼굴색은 기본적으로 흰 빛과 푸른빛이 감도는 색이거나 노르스름한 피부에 흰 빛이 감도는 색, 희고 붉은 톤에 푸른빛이 감도는 색이다. 눈동자 색은 부드럽고 흐린 블루나 회색빛 블루, 부드러운 브라운 계열이다. 머리카락 색은 기본적으로 회색기미를 지니며 검은 빛을 떠나 강하기보다는 부드러운 검은색에 속하며, 청초하고 신선한 차가운 이미지를 지니고 있다. 어울리는 색상은 명도는 높고 채도는 낮은 톤이며 흰색과 파랑 톤의 기운이 느껴지는 색이다. 소프트 화이트, 라이트 블루 그레이, 파스텔 아쿠아, 파스텔 핑크, 라벤더, 부드럽고 차가운 느낌의 핑크, 연보라 등 색상이 튀지 않는 파스텔 계열로 전체적으로 흰 빛을 지닌 색상이 잘 어울린다. 검정색과 너무 어두운색, 금속성의 반사적인 색, 노란기미가 있는 색은 피해야 한다.

가을

가을 색상은 황색 빛을 띠면서 차분하고 부드러운 느낌을 준다. 노란빛이 감돌기는 하지만 황색빛이 주를 이루기에 가라앉는 느낌을 준다. 얼굴색은 탁하고 노란 기를 띠고 있으며, 상아색인 경우가 많다. 눈동자 색은 황갈색이나 어두운 갈색이며 그린 빛이 감도는 깊고 어두운 색이 많다. 머리카락 색은 대부분 밝은 갈색이나 오렌지색을 띄는 붉은 갈색을 갖고 있다. 어울리는 색상은 명도와 채도가 낮은 진하고 탁한 톤이다. 모든 색에 노랑과 검정이 섞여있는 오이스트 화이트, 웜 베이지, 마호가니, 오렌지, 모스그린, 틸블루 등이 해당된다. 불투명하거나 파스텔 톤의 옅은색, 찬계열의 색, 선명한 원색 등은 피해야 한다.

겨울

겨울 색상은 강하면서 선명하고 다소 날카로운 느낌을 준다. 푸른빛이 감도는 색 중에서도 강하고 가라앉는 느낌을 주는 색이 겨울 색이라고 할 수 있겠다. 얼굴색은 붉은 기가 비치며 투명하거나 누른 기를 띠고 있으며 전체적으로 푸른빛이 감돈다. 주로 창백하거나 핑크 톤을 가졌다. 눈동자색은 짙으며 홍채 주위에 회색이 가미되면서 청색이나 녹색이 혼합되어 있다. 겨울 유형은 눈동자색의 대비가 강해 뚜렷하고 선명하다. 머리카락은 선명한 검정색으로 푸른빛이 돈다. 어울리는 색상은 명도는 낮고 채도는 높은 톤이다. 푸르면서 흰색이 기본이 된다. 검정과 흰색, 흰 빛을 지닌 색과 푸른 빛을 지닌 원색, 레드나 와인, 자주계열, 청블루, 청보라 등의 강렬하면서 대조되는 색이 잘 어울린다. 퓨어 화이트, 라이트 트루 그레이, 블랙, 그린, 네이비, 블루, 레몬옐로, 마젠타, 블루 레드 등이 그 예이다. 황금색 계열의 색은 피해야 한다.

(3) 피부톤과 헤어 컬러

Color type:
SPRING

Color type:
SUMMER

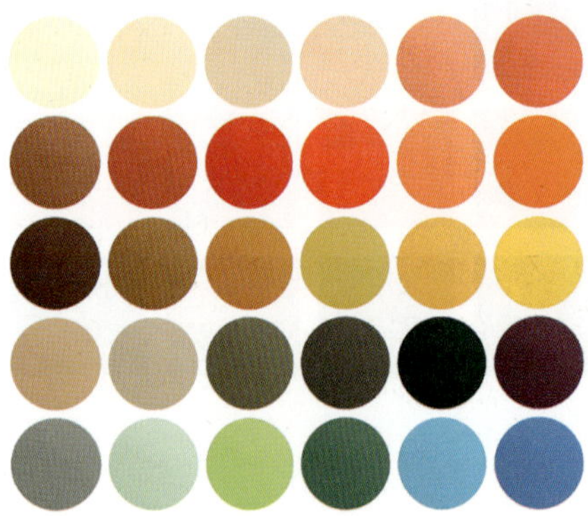

Color type:
AUTUMN

Color type:
WINTER

봄

노랑기가 강하고 밝은 피부색, 빰은 혈색이 좋고 맑은 눈을 가진다.

옐로 베이스로 브라이트 톤이 어울린다.

밝은 피치, 클리어한 블루, 밝은 갈색 눈동자, 금발 또는 밝은 갈색의 머리가 어울린다.

여름

파랗고 하얀 인상으로 피부결이 매끈하다. 뺨은 푸른기가 있는 핑크 베이지를 띠며 부드러운 눈이 인상적이다.

블루 베이스로 파스텔, 소프트톤이 어울린다.

핑크베이지 피부, 로즈브라운, 블루 그레이의 눈동자, 눈썹과 머리는 다크 브라운, 실버 등 품위있고 우아한 인상의 얼굴에 어울린다.

가을

보통의 피부색이거나 약간은 어둡다. 눈의 검은자는 깊은 갈색이며, 피부가 타기 쉬운 편이다.

옐로 베이스로 깊고 수수하고 리치한 컬러가 어울린다.

짙은 피치 베이지 피부, 다크 브라운이나 올리브 그린의 눈동자, 빨강기가 있는 짙은 갈색의 머리색을 가진 차분한 인상의 생김새가 어울린다.

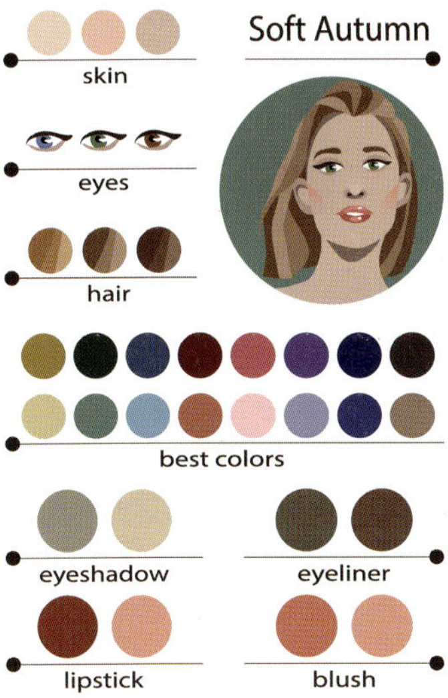

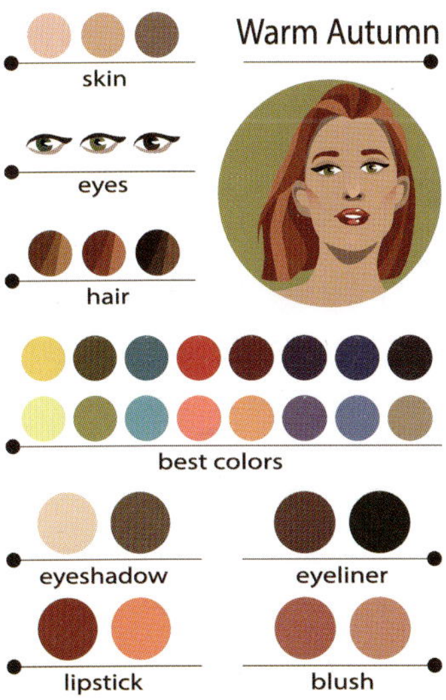

겨울

약간 어둡거나 보통의 피부색으로 뺨은 푸른기가 있는 핑크를 띤다.

흰자와 검은자의 경계가 깨끗하고 눈에 힘이 있다.

차가운 계열의 블루 베이스로 무채색, 비비드톤, 콘트라스트 감이 있는 컬러가 어울리는 타입이다.

눈썹이 짙고 두꺼운 사람, 혹은 이목구비가 확실한 타입에 어울린다.

2 실기 준비물

뷰티잡지, A4 용지, 가위, 풀, 필기구 등

3 실기
- 계절별 스크랩

① 4 ~ 6인 1조로 팀을 구성한다.

② 각각 중복되지 않게 팀원별 계절을 분배한다.

③ 각 잡지책에 나타난 이미지 중 본인이 담당하는 계절과 어울리는 색, 이미지, 헤어, 메이크업, 의상, 소품 등을 찾아 자유롭게 붙인다.

④ 완성된 스크랩을 모아 팀별로 발표한다.

3. 헤어 컬러 디자인

염색으로 단순히 헤어 컬러만 바뀌는 것은 진정한 헤어컬러 디자인이 아니다. 현재 본인의 커트 디자인과 분위기에 따라 헤어컬러의 배치, 배색을 달리하여 고객에게 이미지를 부여하는 것이 헤어컬러 디자인이다.

디자인에 따라 고객이 젊어보이기도, 늙어보이기도 하며 성격이 활발해보이기도, 정적으로 보이기도 한다.

1 디자인 구성 요소

(1) 개념요소

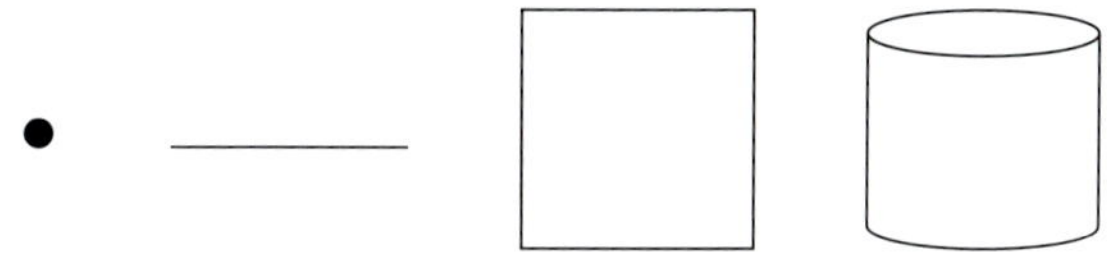

점(Point, Spot)

크기나 면적없이 위치만 표시하는 것을 말한다.

선(Line)

시각적 형태를 규정짓는 기본요소로 속도, 강약, 방향, 수평/수직선, 사선, 곡선 등이 있다.

면(Surface)

공간을 구성하는 기본단위로 형태와 면은 동시성, 사각형, 정삼각형, 마름모, 다각형, 원형 등이 있다.

입체(Volume)

물체의 용적, 무게에 대한 감각, 명암, 원근감을 지닌 것을 말한다.

point

선의 조형심리적 효과

- 수직선은 구조적인 높이와 존엄성, 고양감을 느끼게 한다.
- 수평선은 영원, 무한, 안정, 안락, 평화감을 느끼게 한다.
- 사선은 넘어지려는 움직임이 있어 운동감, 불안정, 변화하는 활동적인 느낌을 준다.
- 곡선은 유연, 복잡, 동적, 경쾌하며 여성적인 느낌을 들게 한다.

* 선은 점이 이동된 궤적으로 점이 확장되어 선이 된다. 선을 나란히 놓으면 면으로 지각된다.

직선	수평선	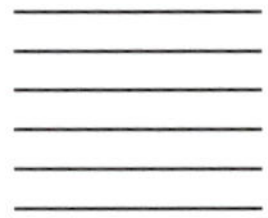	넓음, 안정, 평화, 휴식, 조용함
	수직선	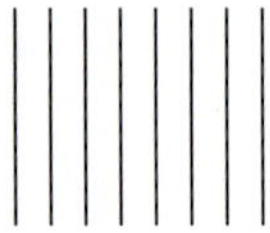	엄숙, 엄격, 길게 느껴짐
	사선	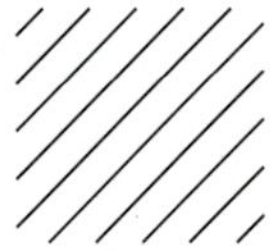	움직임, 운동감, 방향감, 불안정, 속력, 속도감
	방사선	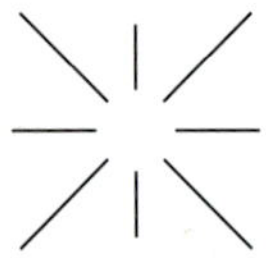	집중, 확산, 모여줌, 퍼져나감

곡선	자유곡선		질서있는 부드러움 (무질서)
	기하곡선		자유로움, 부드러움 (단조로움)

(2) 시각요소

형, 형태(Shape, Form)

감각적 경험을 형성하는 중요한 요소이다.

평면의 구체적인 형은 형(形, Shape)이고, 입체적일 때는 형태(形態, Form)이다.

이념적 형태

인간이 생각하는 순수 추상 형태 점, 선, 면, 입체 등의 추상적인 형태

현실적 형태

- 자연형태 : 단순한 부정형의 형태를 갖는 자연적인 문양으로, 인간의지에 관계없이 변화한다.
- 인위형태 : 3차원적인 모양, 구조를 갖는 인위적 형태로 휴먼 스케일과 일정한 관계를 갖는다.

색(Color)

가장 감각적인 것으로, 생명감, 본능적, 색상, 명도, 채도가 있다.

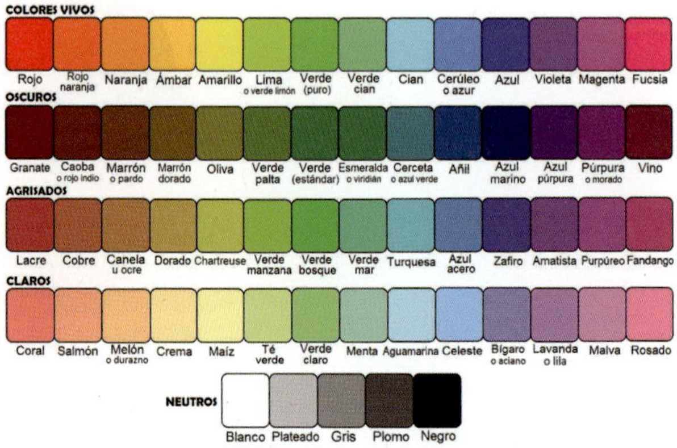

point

색의 3속성

- 색상(유 / 무채색) : 흰색 – 검정색 중간톤 多 색의 조화↑
- 명도(밝음 / 어두움)
- 채도(맑음 / 탁함)

명암(Value or Tone)

원근감, 중량감, 실제감, 효과적인 디자인으로 입체감과 빛 효과를 가진다.

질감(Texture)

- 재질에 대한 감각을 말한다. 촉각적 질감, 시각적 질감이 있다.
- 매끄러운 질감은 빛을 반사하는 특성이 있고, 거친 질감은 반대로 흡수하는 특성을 갖는다.

- 질감의 성격에 따라 공간의 통일성을 살릴 수도 있고 파괴시킬 수도 있으므로 공간에서의 영향력이 있으며, 재료의 질감대비를 통해 실내공간의 변화와 다양성을 꾀할 수 있다.
- 목재와 같은 자연재료의 질감은 따뜻함과 친근감을 부여한다.

(3) 상관요소

공간(Space)

- 통일과 변화의 원리 촉매제를 말한다. 둘 이상있을 때 조화와 차이를 느낄 수 있다.
- 점, 선, 면의 구성으로 이루어지며, 모든 물체의 안쪽을 말한다.
- 규칙적 형태와 불규칙 형태로 구분된다.

방향(Direction)

모든 선에는 방향이 존재하며 방향은 수직방향, 수평방향, 사각방향 등이 있다.

크기(Size)

상대적 기준과 대비를 말한다. 둘 이상 있을 때 비교할 수 있다.

구도(Planning)

- 화면, 구조, 구성변화 등을 말한다. 통일을 위한 중요한 요소이다.
- 수직구도, 수평구도, 삼각구도, 십자구도, 황금분할구도 등이 있다.

2 디자인 구성 원리

디자인을 구성할 때 일정한 규칙이나 방법으로 배열하거나 배치하면 통일, 조화, 변화, 균형, 강조, 율동 등의 디자인 구성을 느낄 수 있다.

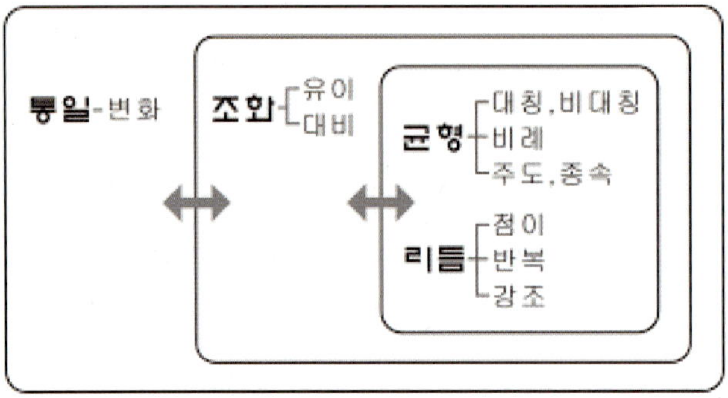

(1) 통일(Unity)

질서를 부여하는 가장 큰 요인으로서 적절한 통일, 적절한 변화, 요소간 조화가 이루어지는 것이 가장 이상적이다.

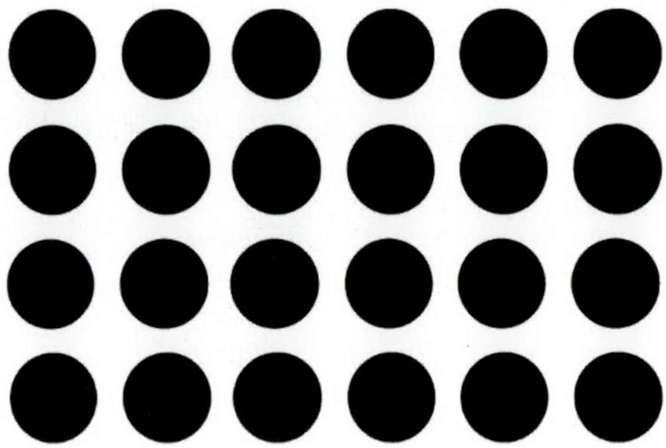

(2) 변화(Variety)

디자인에 활력을 주는 원리이다. 비례, 변형, 대비가 여기에 속한다. 통일(Unity)과 상반된다.

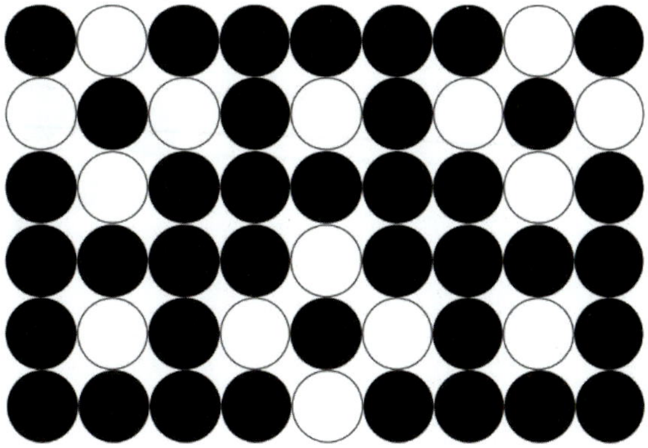

(3) 조화(Harmony)

어울림, 구성미의 두 가지 이상 요소가 있는 것을 말한다.

예 통일(Unity) + 변화(Variety)

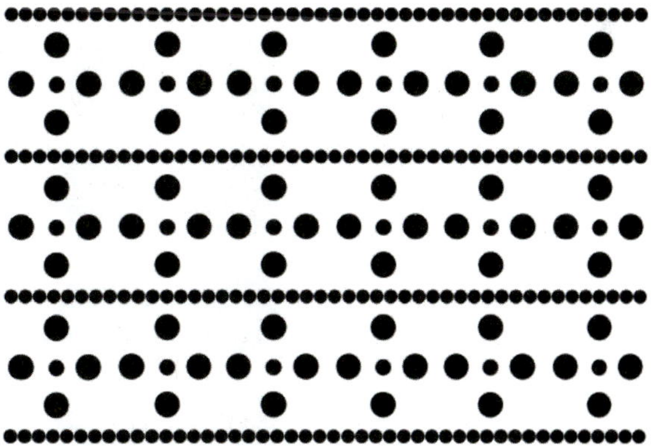

(4) 균형(Balance)

시각적 안정감, 질서, 안정, 통일감을 말한다. 정적인 균형과 동적인 균형이 있다.

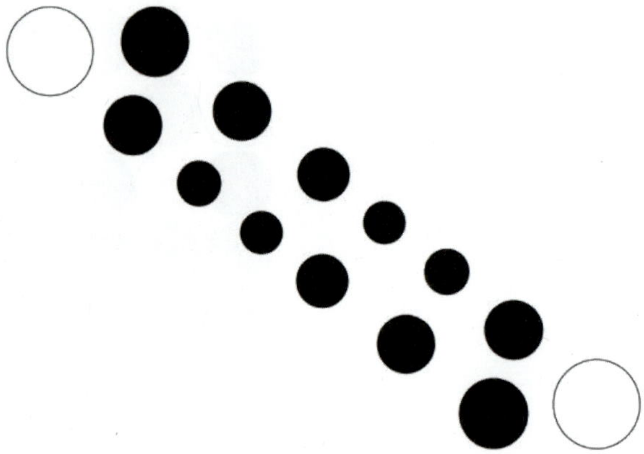

(5) 강조(Emphasis)

대비, 분리, 변화, 색 등에 포인트를 주는 방법으로 시선을 집중시키거나 강하게 변화되는 느낌을 준다.

(6) 율동 / 리듬(Rhythm)

일정한 규칙과 질서가 있는 것을 말한다. 통일성, 바탕, 변화, 반복, 교차, 방사, 점이 등이 있다. 율동감은 패턴에서 찾기 쉽다.

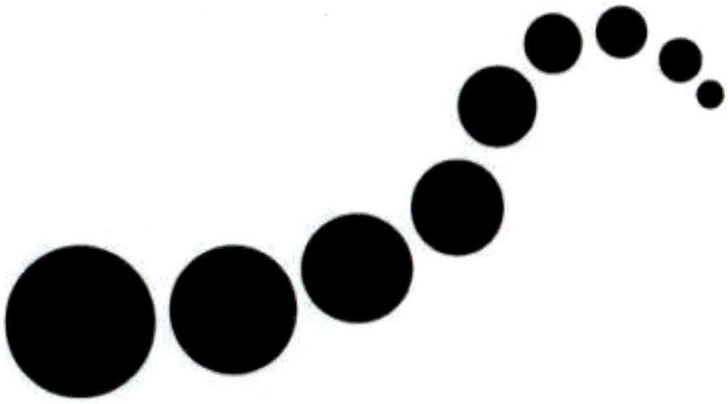

3 헤어컬러

(1) 컬러 선정

헤어컬러를 선택하는 기준

자신에게 어울리는 색(67%), 좋아하는 색(21%),
판매원이나 헤어디자이너가 권하는 색(7%), 유행하는 색(5%)

고객의 이미지 및 상담

헤어컬러를 선정하는데 있어서 고객과의 상담과 이미지 분석은 매우 필요하다. 헤어컬러를 선택하는 데에 있어 가장 중요한 것은 고객에게 어울리는 색을 찾는 과정이다. 이러한 과정을 고객과의 상담과정에서 파악할 수 있는 여러 가지 소스를 조합하여 디자이너가 제안할 수 있어야 한다.

고객에게 어울리는 색을 파악할 때는 고객의 이미지를 분석하는 방법과 퍼스널컬러를 분석하는 방법으로 크게 나뉘게 된다.

퍼스널 컬러는 고객의 피부톤, 눈동자색 등을 파악하여 결정짓게 되며 퍼스널컬러와 고객의 이미지를 조합하여 최종 후보 컬러를 선별한다.

이 후 헤어컬러 차트를 활용한 상담을 통해 선호색과 비선호색을 확인하고 고객에게 컬러를 제안해야 한다.

point

고객의 이미지를 파악하는 팁

나이, 직업, 체격, 패션, 성향

트랜드 확인

현재 헤어컬러 트랜드는 미국의 색채 전문기업 팬톤(PANTONE)이 선정하는 '올해의 컬러'의 파급효과가 큰편이다. 의류나 메이크업은 물론이고 헤어 컬러에서도 팬톤의 올해의 컬러는 트렌드를 파악하는 중요한 기준이 된다. 대다수의 염모제 회사에서 발표하는 시즌별 트랜드 컬러는 팬톤의 올해의 컬러에서 따오는 것이 대부분이며 이러한 컬러를 바탕으로 유행이 돌게 된다.

4 헤어컬러 배치

헤어컬러는 일반적인 색상 배치와 다르게 두상에 붙어있는 모발이라는 곳에 색상을 배치하는 것이다. 이러한 헤어 컬러를 배치할때에는 얼굴형과 두상부위에 따라 알맞게 배치할 수 있어야 한다.

(1) 얼굴형 보완

가장 이상적인 얼굴형은 계란형이다. 하지만 모든 고객의 얼굴형이 계란형인 것은 아니기에 계란형처럼 보일 수 있도록 고객의 얼굴형의 단점을 보완해주는 컬러 작업이 필요하다.

헤어컬러는 밝은 컬러와 어두운 컬러를 배치 적용하여 얼굴에 입체감을 줄 수 있으므로 강조하고 싶은 부분은 밝은 컬러로, 가리고 싶은 부분은 어둡게 염색하여 준다.

단, 컬러 간의 톤 차이가 심하면 촌스러운 느낌이 들고 얼굴형의 단점을 오히려 부각할 수 있으니 주의해야 한다. 보통 1-2톤 정도 차이 나는 컬러가 가장 자연스럽고 예쁘다.

얼굴형을 보완하는 염색기법은 층이 많은 머리에서 시도했을 때 더욱 입체적인 느낌을 줄 수 있다.

둥근 얼굴

- 정수리 ~ 귀 윗부분 : 가장 밝은 하이라이팅 컬러로 염색한다.
- 옆머리 안쪽 : 두피 쪽은 한 톤 어두운 컬러로 염색하고, 머리 끝부분으로 갈수록 밝은 컬러로 그라데이션을 준다.
- 옆머리 바깥쪽 : 안쪽보다 전체적으로 반 톤 정도 밝은 컬러로 염색한다.

시선을 위로 분산시켜 얼굴이 길고 갸름해 보이고, 안쪽은 어둡고 바깥쪽은 밝아 얼굴을 입체적으로 보이게 한다.

Tip

얼굴을 더욱 또렷하게 보이기 위해서는 골드 컬러와 같이 밝고 선명한 컬러로 염색하는 것이 좋다.

긴 얼굴

- 정수리 ~ 귀 윗부분 : 한 톤 어두운 컬러로 염색한다.
- 옆머리 안쪽 : 얼굴 라인에 닿는 볼 옆쪽은 두 톤 정도 밝은 하이라이팅 컬러로 염색한다.
- 옆머리 바깥쪽 : 귀밑 쪽은 한 톤 어두운 컬러로 염색하고, 머리 끝 부분으로 갈 수록 두 톤 어둡게 염색해 그라데이션을 준다.

볼 옆쪽은 밝게 해 시선을 양옆으로 퍼지게 하고, 정수리와 머리 끝부분은 어두워 위아래 길이가 짧아 보인다.

Tip

날카로운 느낌이 강한 긴 얼굴을 보완하기 위해서는 선명한 컬러보다는 채도가 낮은 애쉬 컬러로 염색하는 것이 좋다.

역삼각형 얼굴

- 정수리 ~ 귀 윗부분 : 한 톤 어두운 컬러로 염색한다.
- 옆머리 안쪽 : 두 톤 정도 밝은 하이라이팅 컬러로 염색한다.
- 옆머리 바깥쪽 : 귀밑 쪽은 한 톤 밝은 컬러로 염색하고, 머리 끝부분으로 갈수록 두 톤 밝게 염색해 그라데이션을 준다.

볼 옆쪽과 머리 끝부분을 밝게 해 얼굴 하관이 양옆으로 퍼져 보인다.

Tip

얼굴 하단은 선명한 컬러보다는 채도가 낮은 애쉬 컬러로 염색하는 것이 시선을 분산시킬 수 있다.

각진 사각형 얼굴

- 정수리 ~ 귀 윗부분 : 한 톤 어두운 컬러로 염색한다.
- 옆머리 안쪽 : 두 톤 어두운 컬러로 염색한다.
- 옆머리 바깥쪽 : 귀밑 쪽은 한 톤 어두운 컬러로 염색하고, 머리 끝부분으로 갈 수록 반 톤 밝게 염색해 그라데이션을 준다.

턱과 가까운 안쪽 머리를 어둡게 하면 그림자 같은 느낌을 주어 더욱 갸름해 보인다.

Tip

안쪽 머리를 검은색처럼 너무 어둡게 염색하는 것보다는, 다크 브라운 정도의 컬러로 섀딩 효과를 주는 것이 자연스럽다.

(2) 헤어컬러 색의 이미지

일반적인 색의 이미지는 빨간색은 불, 열정처럼 연상되는 이미지가 있다. 하지만 헤어컬러에서는 이러한 연상 이미지가 아닌 고객에게 적용했을 때 나타나는 이미지가 있다.

애쉬 브라운(Ash Brown)

스테디셀러 헤어 컬러로, 붉은 기가 빠진 잿빛 컬러가 동양인의 노란 얼굴 톤을 커버해 부드럽고 세련된 분위기를 연출해준다.

레드 오렌지(Red Orange)

통통 튀고 개성 강한 느낌을 원하는 고객에게 적용하면 좋지만 피부톤이 붉은 사람은 피해야 하는 컬러이다.

베이지 핑크(Beige Brwon)

금발에 아주연한 베이지 핑크를 배색한 컬러이다. 오묘한 색감이 특징이며, 밝고 화사한 색감으로 봄에 잘 어울리는 헤어 컬러이다.

바이올렛(Violet)

와인 빛이 감도는 바이올렛 헤어 컬러는 웨어러블하면서도 신비로운 분위기를 풍긴다.

레드 바이올렛

피부와 이목구비를 더욱 선명하게 해주고 또렷한 인상을 준다.

핑크 바이올렛

피부 톤이 맑고 깨끗해 보인다.

진한 블랙 컬러(Dark Black)

칠흑 같은 검은색을 말한다. 흰 피부는 쿨 톤 피부를 더욱 부각시켜주고, 어두운 피부는 섹시한 느낌을 살려준다. 도회적이고 선명한 이미지를 연출한다.

진회색(Dark Gray)

금발이나 갈색보다 부드럽고 우아한 느낌을 준다. 웨이브에 잘 어울린다.

금발(Blond)

여름에 시원한 느낌을 줄 수 있는 컬러로 전체적으로 얼굴을 환하게 톤업 시켜준다. 어려보이고 생기있어 보인다.

애쉬(Ash)

오묘한 색상으로 신비스러운 느낌을 준다. 유니크하고 시크한 감성이 느껴지는 컬러다.

옐로우 오렌지(Yellow Orange)

시각적으로 시원해보이고 주황계열의 웜톤이 피부의 칙칙한 느낌을 완화해준다. 어두운 피부톤에 적용하면 섹시해보이고 귀여운 이미지의 고객에게 적용하면 발랄한 이미지를 강조할 수 있다.

브라운(Brown)

동양인에게 가장 잘 어울리는 컬러로 피부톤이 붉은 사람이나 홍조가 있는 고객의 피부를 보완할 수 있는 컬러이다. 밝은 피부에는 지적이고 세련된 이미지를 부여하고 어두운 피부에는 부드러운 느낌이 드는 컬러이다. 검은색보다 따뜻하고 부드러운 인상을 주지만 어두운 피부톤에는 어울리지 않는다.

레드브라운(Red Brown)

세련되고 활동적인 이미지를 부여하는 컬러이다. 밝은 피부는 더 투명하게 보이고 어두운 피부에는 더 생기있게 보이는 컬러이다.

모카브라운(Mocha Brown)

사랑스럽고 화사한 이미지를 부여하는 컬러이다. 상대적으로 붉은기가 도는 피부톤에는 어울리지 않는다.

레드(Red)

섹시하면서도 튀는듯한 느낌이 드는 컬러이다. 붉은기가 도는 피부톤에는 잘어울리지만 노란 피부톤이나 창백한 피부는 더 창백하게 느껴지므로 사용하지 않는다.

(3) 헤어컬러 존 설정

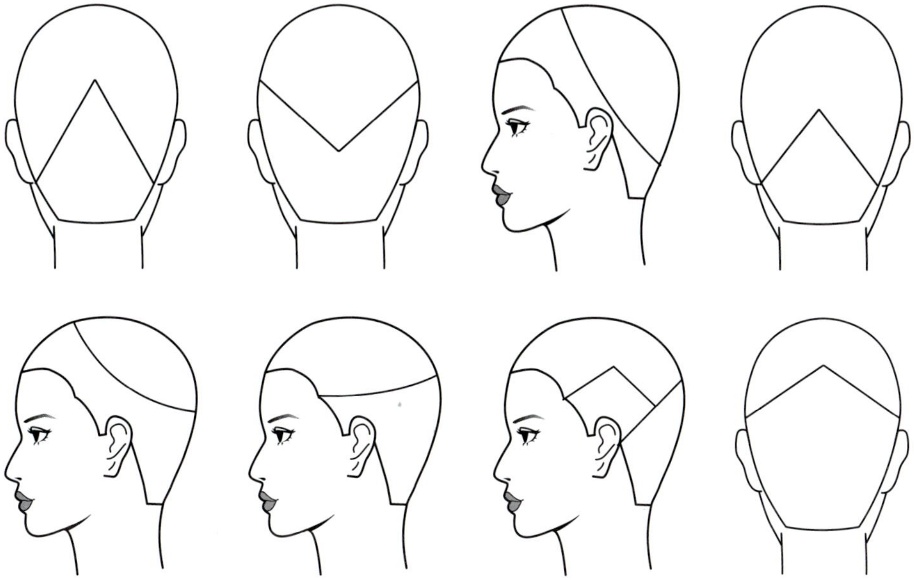

존은 지역이라는 뜻으로 두상의 구획을 나누어 각각 다른 컬러로 시술하는 스타일을 존 섹션 테크닉이라 한다.

존 섹션 테크닉은 헤어스타일 형태를 갈수록 밝게 또는 갈수록 어둡게 명도와 색상의 차이를 이용하는 기술이다, 일정한 부분을 강조하고자 할 때 사용하고 조화로운 기법으로 활용이 가능하다.

가닥가닥의 포인트가 아닌 부분적인 구획에 포인트를 부여함으로써 해당되는 존(Zone)을 강조하는 기법이다.

존의 크기나 형태가 일정하게 정해진 것이 아니기 때문에 원하는 부위에 원형, 사각형, 삼각형, 오각형, 별 등 스타일에 맞는 존을 선택해서 연출이 가능하다.

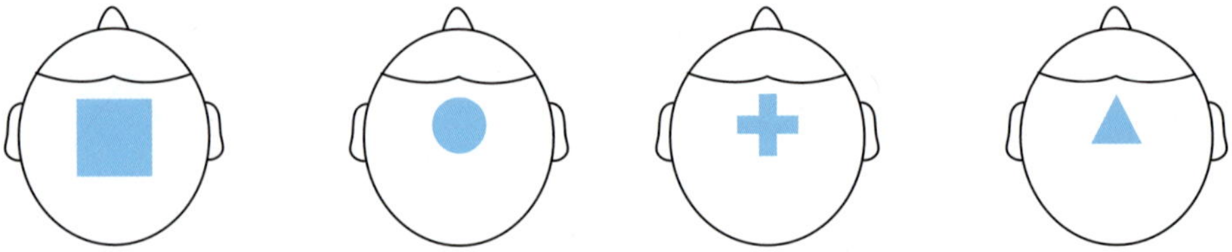

(4) 슬라이스(Slice) 방향

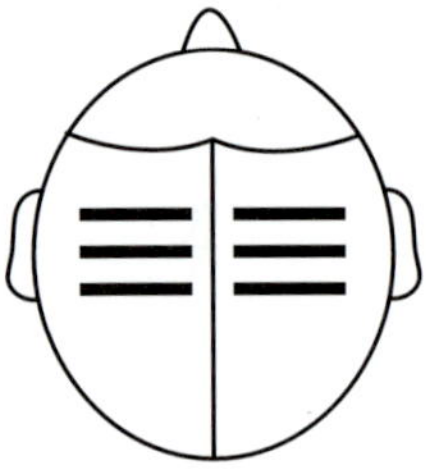

톱의 수평슬라이싱 테크닉

톱 & 사이드의 사선슬라이싱 테크닉

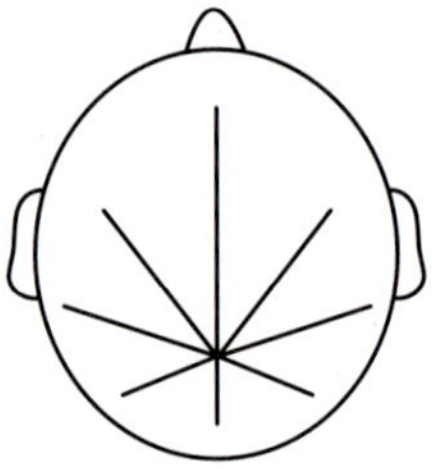

방사선 수직슬라이싱 테크닉

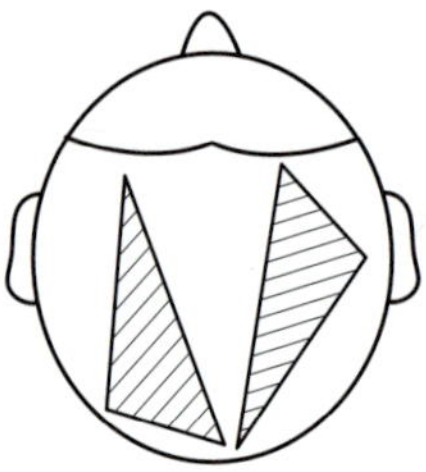

트윈 트라이앵글 테크닉

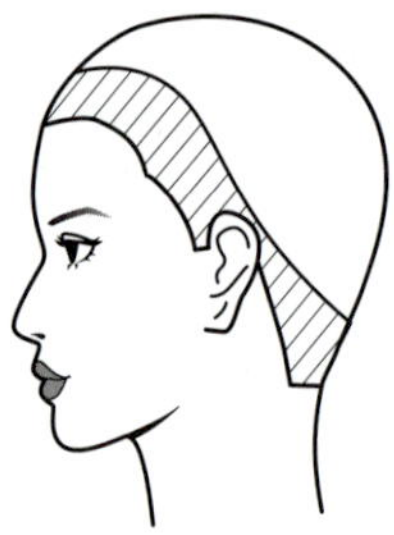

업스타일 테크닉

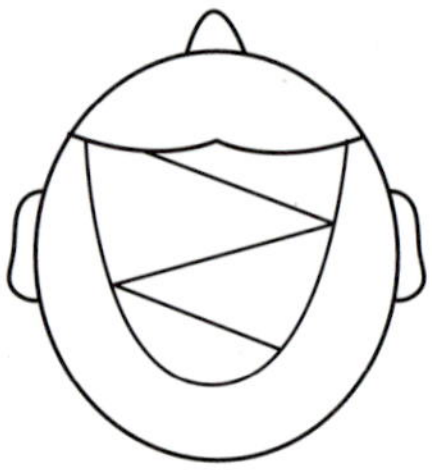

톱 지그재그 테크닉

[부록]

Consultation Chart

<table>
<tr><td>성명</td><td></td><td>생년월일</td><td colspan="3">년 월 일</td></tr>
<tr><td>성별</td><td>남 / 여</td><td>결혼유무</td><td>기혼 / 미혼</td><td>연락처</td><td></td></tr>
<tr><td>직업</td><td></td><td>방문방법</td><td colspan="3">□ 신규 □ 재방문 □ 지명 □ 예약</td></tr>
<tr><td rowspan="2">모발 길이</td><td>S / M / L</td><td rowspan="2">최근
시술이력</td><td colspan="3">□ 자연모 □ 염색모 □ 탈색모 □ 퍼머모</td></tr>
<tr><td></td><td colspan="3">□ 3개월 이내 □ 4 ~ 6개월 이내 □ 7 ~ 12개월 이내
□ 1 ~ 2년 이내 □ 2년 이상</td></tr>
<tr><td>희망 스타일</td><td colspan="5"></td></tr>
<tr><td>모발 손상</td><td colspan="5">□ 건강모 □ 손상모 □ 극손상모 □ 기타 ( )</td></tr>
<tr><td>두피 상태</td><td colspan="5">□ 정상 □ 지성 □ 건성 □ 민감성 □ 뾰루지 □ 비듬 □ 탈모</td></tr>
<tr><td>백모 여부</td><td>있음 / 없음</td><td>백모량</td><td>%</td><td>테스트</td><td>□ 패치 □ 스트랜드</td></tr>
<tr><td>신행부 길이</td><td></td><td>선호 컬러</td><td></td><td>비선호 컬러</td><td></td></tr>
<tr><td>현재 모발
명도</td><td></td><td>현재모발
컬러</td><td></td><td>희망색</td><td></td></tr>
<tr><td>모발 클리닉</td><td>Y / N</td><td>클리닉 제품명</td><td></td><td>클리닉 방법</td><td></td></tr>
<tr><td>샴푸주기</td><td>( )일 ( )회</td><td>샴푸종류</td><td colspan="3">□ 일반샴푸 □ 전문샴푸 / 제품명 :</td></tr>
<tr><td>질병</td><td></td><td>복용약</td><td></td><td>스트레스</td><td>상 / 중 / 하</td></tr>
<tr><td rowspan="3">시술</td><td colspan="5">염모제 : 산화제 :</td></tr>
<tr><td colspan="5">방치시간 :</td></tr>
<tr><td colspan="5">시술 방법 :</td></tr>
<tr><td colspan="6">헤어컬러 디자인</td></tr>
<tr><td colspan="6">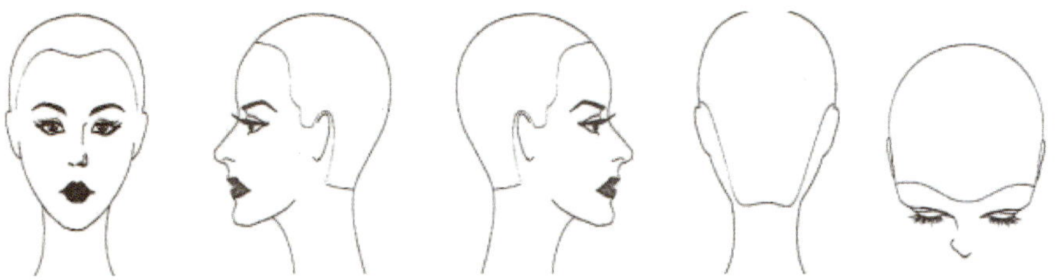</td></tr>
<tr><td colspan="6">상담 내용</td></tr>
<tr><td colspan="6"></td></tr>
</table>

1차색, 2차색, 검정색 만들기

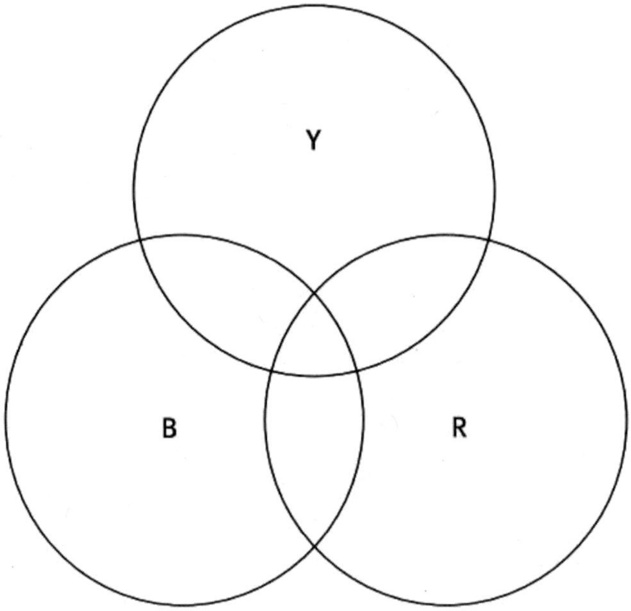

[부록]

3차색 만들기

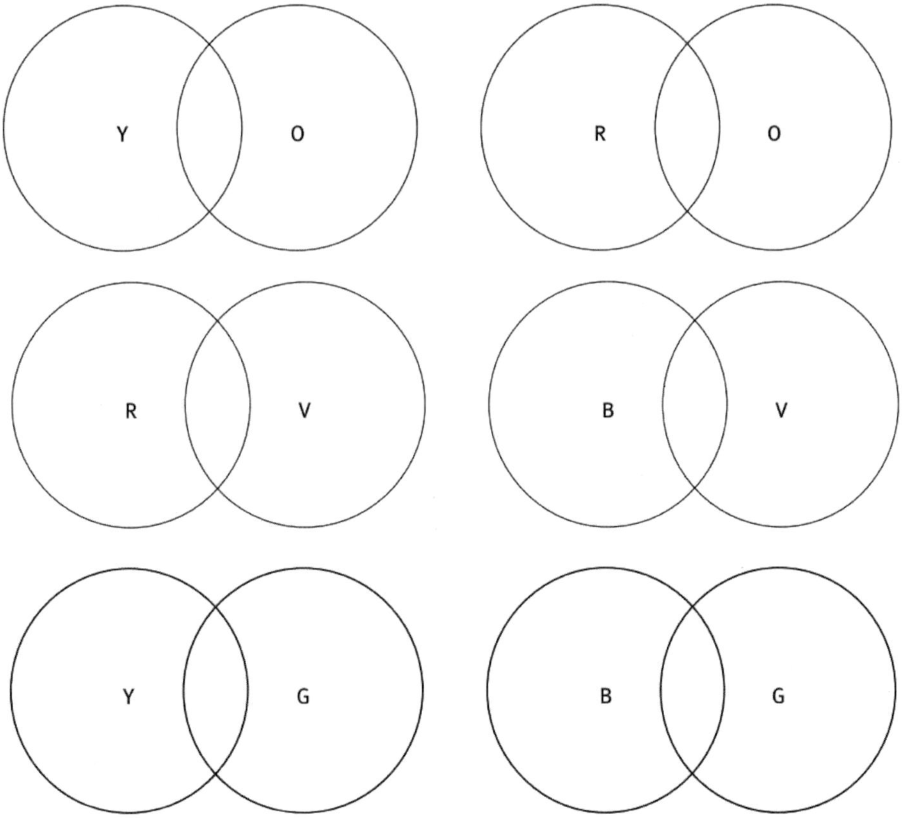

[참고문헌]

1) 국화.(2014). 모발 색상(Natural Hair Color) & 염료 – 2. 모발 색상과 염료와의 관계

2) 권기성.(2016). 식품 중 이물의 판별법 개발 연구, 식품의약품안전평가원.

3) 권대혁.(2010). 비만세포 과립분비를 억제하는 항아토피 기능성 화장품 개발, 성균관대학교 산학협력단.

4) 곽진만외 14인.(2018). NCS Hair Colorist, 청구문화사.

5) 김보경.(2008). stylist bk , https://blog.daum.net/bokyoung48?page=1

6) 김수정.(2005). 퍼스널 컬러 진단에 따른 메이크업 색채에 관한 연구, 대구대학교 디자인 대학원.

7) 까만땅콩.(2011). 색채와 디자인---톤에 의한 배색기법, https://blog.daum.net/loui-na/7420653

8) 김선생.(2020). 모발 진단법과 연화와환원 mechanism(메커니즘) 제7장

9) 박현진.(2015). 식품 소재 적용 나노기술의 형태별 이화학적 특성 분석법 및 표준제조 공정 확립 연구, 고려대학교 산학협력단.

10) 발로뛰는 김대표.(2010). 웹디자인 폰트와 컬러이야기, https://blog.daum.net/omyblog/12349361

11) 스노우화이트 웨딩샵.(2017). 얼굴형별 헤어 컨투어링 방법, https://m.blog.naver.com/PostView.nhn?blogId=dmstnrl0803&logNo=220910257010&proxyReferer=https:%2F%2Fwww.google.co.kr%2F

12) 얼굴형을 보완하는 맞춤형 헤어 염색법, mag azine.channel.daum.net

13) 오지연, 박영경.(2018). 원단의 시각적 온도감, 감성과학.

14) 우주면지.(2014). 〈디자인 수업〉 디자인 구성요소와 원리-통일 / 변화 / 조화 / 균형 / 강조, giftpack89.blog.me

15) 이언주.(2011). 염모제의 종류에 따른 모발손상도와 색상선명도 비교연구, 서경대학교.

16) 장미의 놀이터.(2007). 모발 염모제에 따른 시술의 실제1, https://blog.daum.net/ms1719/8978173

17) 태준.(2017). 탈색의 방법과 원리.

18) 퍼스널 컬러 – 위키백과, 우리 모두의 백과사전, ko.wikipedia.org

19) 한국일보.(2014). Home & Cook 연하고 깨끗한 파스텔톤, 봄거리 물들이다, https://www.hankookilbo.com/News/Read/20140414186049237120) 헤어119.(2003). 휠러나 프리피그멘테이션이란?

21) 황종오.(2005). 탈색제 처리가 모발의 물성에 미치는 영향에 관한 연구, 대구한의대학교 보건대학원

22) 한국디자인진흥원(2011). 디자인이슈리포트 3. 배색 이미지 스케일_ECS.

23) Hair style(2010). scalf care Total solution

24) Kakao Talk maro3255(2019). 응용헤어컬러 크레이 헤어컬러 진행, https://m.blog.naver.com/PostView.nhn?blogId=maro3255&logNo=221448099742&referrerCode=0&searchKeyword=%ED%81%AC%EB%A0%88%EC%9D%B4

25) NCS 헤어미용 학습모듈 개발_09. 두피.모발 관리

26) NCS 학습모듈_09. 헤어컬러디자인